Heiko Burrack

Erfolgreiches New Business für Werbeagenturen

Mit Insights, Tipps und Checklisten

BusinessVillage
Update your Knowledge!

Heiko Burrack
Erfolgreiches New Business für Werbeagenturen
Mit Insights, Tipps und Checklisten
4. Auflage, unveränderter Nachdruck
Göttingen: BusinessVillage, 2013
ISBN 978-3-86980-001-1

Bestellnummer
Druckausgabe Bestellnummer PB-796
ISBN 978-3-86980-001-1

Bezugs- und Verlagsanschrift
BusinessVillage GmbH
Reinhäuser Landstraße 22
37083 Göttingen
Telefon: +49 (0)551 2099-100
Fax: +49 (0)551 2099-105
E-Mail: info@businessvillage.de
Web: www.businessvillage.de

Layout und Satz
Sabine Kempke

Druck und Bindung
www.booksfactory.de

Inhalt

„NEW BUSINESS IS AN AGENCY'S LIFEBLOOD. IT'S ALSO ITS SWEAT AND TEARS."

(Hamish Pringle, Finding an Agency)

„ALLES HAT MINDESTENS ZWEI SEITEN, AUF EINEN ERFOLG KOMMEN TAUSEND PLEITEN."

(Stefan Stoppok, Tanzen)

Über den Autor

Heiko Burrack (Jahrgang 1967), Diplom-Kaufmann, berät von Frankfurt am Main aus seit mehreren Jahren Agenturen und werbetreibende Unternehmen bei strategischen und operativen Fragen der Neukundengewinnung. Zuvor arbeitete er als Kundenberater in namhaften Werbeagenturen für nationale und internationale Kunden. Er ist Autor des Buches *„Vom Pitch zum Award: Wie Werbung gemacht wird. Insights in eine ungewöhnliche Branche“* (zusammen mit Dr. Ralf Nöcker).

Kontakt zum Autor: heiko@burrack.de

Danksagung

Ich bedanke mich bei (alphabetisch geordnet) Jürgen Hanschur (ad4bizz), Helmut Hechler (Ogilvy), Mario Gebers (SinnerSchrader), Rainer Kitzmann (Personalberatung), Lothar Leonhard (Ogilvy) und Jörg Nehring (Personalberatung) für Rat und Tat. Ebenso danke ich meiner Frau Sarah für ihr kritisches Feedback und ihre Unterstützung. Von Tilman Mauser habe ich sehr viel Input beim Thema Controlling erhalten. Mein Dank gilt auch Fritz Lagraff und Ute Schomaker (beide RMG Connect) für die Bearbeitung aller Grafiken und Diagramme sowie ihr Feedback. Ich habe mich im Rahmen der Recherche mit einigen Verantwortlichen aus dem Einkauf von großen Unternehmen unterhalten. Für diese überaus hilfreichen Hintergrundinformationen bedanke ich mich besonders bei Andreas Altmann (Deutsche Bank), Stephan Dahm (Beiersdorf), Tatjana Elssenwenger (HypoVereinsbank), Thomas Holzapfel (Deutsche Telekom), Oliver Hessel (Nestlé), Stefan Jeltsch (Müller Group), Petra Kreuder (Nestlé), Dominik Pete (Siemens), Sonja Riess (Loreal), Carsten Rybka (Siemens) und Matthias Weipert (Bosch). Ebenfalls bin ich Carsten Knauer (Bundesverband Materialwirtschaft, Einkauf und Logistik) zu Dank verpflichtet. Media-Agenturen waren für mich undurchschaubar – die folgenden Personen haben mir geholfen, Licht ins Dunkel zu bringen: Christof Baron (Mindshare), Uli Bellieno (Bellieno Consulting), Gaby Krautkrämer (Mediaberatung), Claus Lass (Mindshare), Anne Marx (Mediaauditorin), Oliver Miller (Starcom MediaVest), Ralf Scharnhorst (Scharnhorst Media), Meinhard Schroeder (TNS Infratest), Manfred Strobl (Optimedia) und Klaus-Peter Würfel (Factum:Media). Andreas Geyr (Euro RSCG) und Anthony Gibson (Leo Burnett), Andrea Kindermann (Tribal DDB) und Peter Figge (Tribal DDB) haben sich sehr bei der Beantwortung meiner internationalen New-Business-Fragen engagiert. Ich bedanke mich natürlich auch bei allen, die Input zu diesem Buch gegeben haben und hier nicht erwähnt wurden.

Dieses Buch ist eine deutsch-österreichische Koproduktion. Ich danke der Texterin und Journalistin Dr. Doris Doppler für ihre ausgezeichnete Lektoratsarbeit. Man erreicht Doris Doppler unter doppler@ddoppler.com und www.ddoppler.com.

Dieses Buch ist in tiefster Dankbarkeit meinem Vater gewidmet.

Vorwort

Das Neukundengeschäft von Werbeagenturen ist in den letzten Jahren immer nervenaufreibender geworden. Das liegt unter anderem an den vielen Anbietern, die auf einen Markt drängen, der fast keine Eintrittsbarrieren kennt („Ein Computer und ein Internetanschluss genügt, und du bist dabei!"). In diesem Haifischbecken tummeln sich daher sowohl große Unternehmen mit börsennotierten Holdings als auch unzählige Freelancer. Allen gemeinsam ist der Akquisegedanke oder das „Muss zum Vertrieb".

Das New Business von Agenturen ist aber auch deshalb schwieriger geworden, weil neue Akteure auf die Bühne getreten sind. Am bemerkenswertesten ist dabei wohl die gestiegene Macht des Einkaufs. Gerade bei großen Unternehmen kann das Marketing nicht mehr alleine entscheiden, mit welcher Agentur es zusammenarbeiten möchte.

Dieses Buch versucht, auf diese neue Konstellationen einzugehen und Lösungen anzubieten. Dazu wird der gesamte Prozess der Neukundengewinnung vorgestellt: von der Frage nach einer sinnvollen Positionierung über einen bewährten Akquiseansatz (fokussierte, nutzenorientierte Akquise) bis hin zum Schlagwort Pitch. Ausführlich wird auch das Thema Präsentation dargestellt. Ein wichtiger Teil des Buches gilt nicht zuletzt der Position des Einkaufs: Was sind seine Ziele? Wie geht man mit ihm um? – Außerdem finden sich internationale Branchenberichte aus London und Amsterdam und einigen anderen Ländern. Aus den Gesprächen mit den dortigen Agenturen und Pitch-Beratern haben sich spannende Erkenntnisse ergeben, von denen man hierzulande viel lernen kann.

Wie mein 2008 erschienenes Buch *„Vom Pitch zum Award"* lebt auch diese Publikation von praxisorientierten Methoden und Ansätzen. Immer wieder werden Antworten zu Fragen aus dem Agenturalltag gegeben; das Buch wird abgerundet durch zahlreiche Checklisten. Viele Informationen habe ich zahllosen Gesprächen mit Mitarbeitern aus Marketing und Einkauf zu verdanken. Ihre Offenheit hat mich mehr als positiv überrascht. Da dabei auch über vertrauliche Inhalte berichtet wurde, habe ich darauf verzichtet, die Mitarbeiter namentlich im Text zu nennen; sie werden aber in den Danksagungen erwähnt.

Frankfurt am Main, im Juli 2009

1.

Einleitung oder: Was soll das hier überhaupt?

Kennen Sie die Situation: Sie sind ein Dienstleister – vielleicht sogar im Bereich Marketing – und auf der Suche nach neuen Kunden. Ein Bestandskunde hat gekündigt und deswegen „brennt" ein wenig die Hütte. Sie brauchen also schnell neue Ersatzkunden – vielleicht auch, weil Sie während der Zeit, als Sie richtig viel zu tun hatten, die Akquise vernachlässigt haben. Sie haben daher rumtelefoniert, vielleicht haben Sie auch im Internet oder in den Branchenblättern gesehen, dass das Unternehmen X gerade nach einer neuen Agentur Ausschau hält. Bei einigen Unternehmen haben Sie auch angerufen, weil dort ein neuer Marketingleiter angefangen hat und eventuell deswegen eine neue Agentur sucht.

Bei einigen Unternehmen hat Sie der Empfang erst gar nicht ins Marketing durchgestellt: „Setzen Sie sich doch bitte mit dem Einkauf in Verbindung!" Das allerdings empfinden Sie mehr als schwierig, weil diese Leute Sie und Ihre Agentur überhaupt nicht verstehen und ohnehin immer nur über den Preis diskutieren. Deshalb haben Sie hier lieber nicht angerufen. Doch dummerweise werden Sie in letzter Zeit immer öfter an den Einkauf verwiesen, speziell bei großen Unternehmen.

Als Sie aber gerade so richtig mittendrin in der Akquise waren, wurden Sie zu einem Pitch eingeladen oder mussten zu einem Briefing. Vielleicht hat auch ein bestehender Kunde die Ausweitung seiner Geschäfte mit Ihnen angekündigt oder hat Sie weiterempfohlen. Kurz: Das Tagesgeschäft beansprucht Sie doch stärker als geplant. Und deshalb haben Sie wider besseren Wissens eine standardisierte Agentur-Präsentation an jene möglichen Neukunden verschickt, mit denen Sie telefoniert haben.

Beim Versenden dieser Standard-Präsentation war Ihnen plötzlich die Frage eines der Adressaten eingefallen. Dieser Produktmanager hatte wissen wollen, was Sie denn besonders gut können und was nicht zu Ihren Kernkompetenzen zählt. Deshalb fügten Sie schnell in Ihre Präsentations-

Unterlagen ein, dass Sie ein Full-Service-Anbieter sind, der auf integrierte Kommunikation spezialisiert ist. Worin Sie sich von anderen unterscheiden, so schrieben Sie ihm, würden Sie am liebsten in einem persönlichen Gespräch klären.

Beim späteren Nachtelefonieren zeigte sich, dass viele Ansprechpartner gerade in einem Meeting oder auf Geschäftsreise sind. Sie erreichten nur zwei Verantwortliche. Pech war außerdem, dass sich diese nicht gleich an das erste Telefonat und die nachfolgende Aussendung erinnern konnten. Sie verwiesen auf die vielen Zuschriften von Agenturen, die sie täglich bekämen und die sich alle ähneln würden: Zuerst werden immer die Fakten wie Agenturgröße und Mitarbeiterzahl genannt, dann folgen die Kompetenzen (die meist alle Bereiche umfassen und als „integrierte Kommunikation" bezeichnet werden) und schließlich ein paar Arbeitsbeispiele. Zu allem Überfluss wird oft auch die Philosophie der Agentur ausführlich beschrieben. – „Hatten Sie denn ein besonderes Thema?", fragt Sie einer der Ansprechpartner. Darauf waren Sie jetzt nicht vorbereitet und hatten im Moment keinen Plan, wie das Gespräch weitergehen könnte. Das hatte Ihr Gegenüber auch nicht und so endete das Telefonat.

Auch wenn Sie nicht alle Aspekte der oben geschilderten Problematik erlebt haben, kommt Ihnen sicherlich das eine oder andere bekannt vor. Allerdings: Mit diesem Buch will ich nicht zeigen, wie man mit Telefontricks einen Ansprechpartner, der eigentlich keinen Termin möchte, doch noch zu einem Treffen überreden kann. Vielmehr soll ein Ansatz dargestellt werden, mit dem Sie sich vom Wettbewerb abgrenzen können und Ihrem Ansprechpartner als Gegenleistung für ein Treffen etwas bieten. Sie sollen der aktive Teil sein und müssen entscheiden, ob ein Termin sinnvoll ist oder Sie es lieber bleiben lassen.

Noch ein Tipp: Lesen Sie dieses Buch kapitelweise, denn die einzelnen Abschnitte bauen aufeinander auf. Sie beschreiben einen Prozess, dessen Durchbrechung einem unnötigen Geldverbrennen gleichkommt. Ich weiß: Es ist verlockend, eine neue, vielversprechende New-Business-Idee schnell umzusetzen. Trotzdem sollten Sie sich vorher einige strategische Grundlagen erarbeiten. Sie sollten sich zum Beispiel überlegen, ob Ihre Idee einen Nutzen für den potenziellen Neukunden bietet. Sie müssen außerdem die Frage beantworten, ob die Idee zu Ihrer Agentur passt und auf die entsprechenden Kernkompetenzen und das Profil einzahlt. Dazu müssen Sie sich aber von den Wettbewerbern abgrenzen und Ihre eigene Positionierung entwickeln.

Der hier beschriebene Ansatz wird nur dann funktionieren, wenn die dafür notwendigen Rahmenbedingungen geschaffen werden. Sie müssen ein zeitliches Kontingent für das Neukundengeschäft bereitstellen und, wenn Sie selber dazu nicht in der Lage sind, über die entsprechenden Leute verfügen. Und Sie müssen den Mut haben, sich von bestimmten Dingen zu verabschieden. Das heißt: Wenn Sie eine inhabergeführte Agentur haben, die sagt, im kommunikativen Bereich (fast) alles zu können (also integrierte Kommunikation anzubieten), werden Sie Ihre Ausrichtung nach diesem Buch vielleicht infrage stellen.

New Business bedeutet heute sehr viel mehr als einen Termin bei einem möglichen Neukunden zu vereinbaren. Das Neukundengeschäft sollte in der heutigen Zeit als Prozess gesehen werden, in dem unterschiedliche Akteure in der Arena stehen. Dieser Prozess soll hier dargestellt werden – von der Positionierung bis über den Pitch hinaus. Besonderes Augenmerk gilt dabei einem neuen und machtvollen Akteur: dem Einkauf. Seine Position hat sich in den letzten Jahren verstärkt – und er ist bei den Agenturen gefürchtet. Deshalb soll auch er hier zu Wort kommen. Dabei haben mir zahlreiche Gespräche mit Einkäufern sehr geholfen, diese Seite des Geschäftes besser zu verstehen.

Beginnen wir also mit der Darstellung des Prozesses; beginnen wir bei den Agenturen selbst und bei der Frage, wer sie denn überhaupt sind, was sie ausmacht und was sie voneinander unterscheidet. Beginnen wir bei der Positionierung.

Doch zuvor noch ein Hinweis: Sowohl Agenturen als auch Kunden mögen den regelmäßigen Status-Report. So soll es auch hier sein. Der Status soll besser verständlich machen, wo wir uns gerade im Akquise-Prozess befinden und was die nächsten Schritte sind. Auf ein Timing werde ich dabei verzichten.

2.

Positionierung oder: Wer bin ich eigentlich?

Status: Die Entscheidung, ein professionelles Neukundengeschäft aufzubauen, ist gefallen.

Next step: Überprüfung und Erarbeitung einer Agentur-Positionierung.

2.1 Erzählen Sie doch mal kurz: Was machen Sie denn so?

Stellen Sie sich die folgende Situation vor: Sie haben einen Präsentationstermin vereinbart, erscheinen pünktlich im Unternehmen Ihres Ansprechpartners und melden sich bei der Empfangsdame. Diese teilt Ihnen mit, dass Ihr Ansprechpartner leider sehr kurzfristig erkrankt sei. Sie hätten aber Glück im Unglück, denn der Marketingleiter sei im Haus und würde gerne den Termin mit Ihnen wahrnehmen.

Kurze Zeit später erscheint tatsächlich der neue Ansprechpartner und stellt sich als Chef Ihres ursprünglichen Kontaktes vor. Nachdem er sich für die Unannehmlichkeiten entschuldigt hat, gesteht er Ihnen ein, dass er eigentlich so gut wie gar nichts über Ihre Agentur weiß. Er hat zwar gehört, dass der Termin heute stattfinden sollte, wurde aber weder über den Inhalt noch über Ihr Unternehmen informiert.

„Das macht aber überhaupt nichts", sagt der Marketingleiter. Schließlich fahre man doch jetzt mit dem Fahrstuhl und der benötige eine halbe Minute bis zum betreffenden Stockwerk. „Und da ist der Lift ja auch schon. Also bis wir oben sind, erzählen Sie doch mal, was Sie genau machen und was Sie von anderen unterscheidet. Und das bitte in dreißig Sekunden, von denen die ersten schon um sind."

Fällt Ihnen dazu zuerst ein, dass Sie doch besser zu Fuß in die elfte Etage gehen sollten? Denn das dauert länger und beim Leibesumfang Ihres Gegenübers kommen auch noch einige Verschnaufpausen hinzu. Und wenn Sie jetzt Ihr komplettes Leistungsspektrum aufzählen, sind Sie schon bei der Klärung des Begriffs wieder beim Aussteigen. Und außerdem – wie Sie sich von anderen abgrenzen sollen, ist Ihnen auch nicht wirklich klar? Dann geht es Ihnen wie den meisten Agenturen.

Was ich hier beschrieben habe, ist allgemein unter einem Elevator-Pitch bekannt. Dahinter steht die Frage, was man denn so kann und wie man sich von anderen unterscheidet. Eine Frage, die durchaus nachvollziehbar ist, aber für viele Anbieter ein wirkliches Problem darstellt – gerade im Kommunikationsbereich.

In einer Marktsituation, in der es wegen der niedrigen Markteintrittsbarrieren so viele Wettbewerber gibt, müssen Sie auf diese Frage eine nachvollziehbare Antwort geben können. Hier zu entgegnen, man könne alles und jedes, grenzt Ihre Agentur nicht genügend vom Wettbewerb ab. Wenn Sie hier Schwächen haben, müssen Sie sie minimieren und ihre Kernkompetenz erarbeiten.

Hier sind meine 30 Sekunden:

„Ich arbeite vor allem für Unternehmen, die im Kommunikationsbereich tätig sind. Dieser reicht von klassischer Kommunikation über die entsprechenden Spezialisten bis hin zum Mafo-Bereich. Dort arbeite ich als ausgelagerter New-Business-Mann. Meine Tätigkeit reicht dabei von der Beratung bei strategischen Fragen bis hin zur konkreten operativen Umsetzung (was man meist Terminvereinbarung nennt). Im letzten Bereich bin ich bei bestimmten Tätigkeiten bereit, mit ins Risiko zu gehen. Ich hätte also gerne, neben bestimmten Fixkosten, einen Bonus bei einem guten Termin. Genau darüber wollte ich mich heute mit Ihrem Mitarbeiter unterhalten!"

Natürlich kann man nicht immer so genau und in aller Kürze formulieren, was man tut. Vermeiden Sie aber eine Antwort, mit der Sie sich von den zukünftigen Gesprächspartnern Ihrer Ansprechperson überhaupt nicht abgrenzen.

Wie die Positionierung im Detail aussieht, muss man sich im Einzelfall ansehen. Dazu sind die grundsätzlichen Faktoren genauer zu betrachten: das eigene Unternehmen mit den speziellen Leistungen, der Wettbewerb und die Zielgruppe. Leider kann ich hier die Positionierungsfrage nicht umfassend darstellen, möchte Ihnen aber einige Hinweise geben:

- Gibt es Branchen, in denen Sie besondere Erfahrung und Kompetenz haben und die sich zur Abgrenzung eignen? Erfahrungsgemäß kommen hier Bereiche wie Finanzdienstleistungen, Tourismus oder Pharma infrage. Aber Achtung: Oft ist es nicht sinnvoll, sich nur auf eine Branche zu konzentrieren. Denn wenn die Kunden hier Konkurrenzausschlüsse wünschen beziehungsweise fordern, ist das Marktpotenzial zu klein – mit Ausnahme des Pharmabereiches. Besser ist es, seine Kernkompetenz über drei oder vier Branchen zu spannen und diese mit einigen Kommunikations-Instrumenten zu kombinieren.
- Gibt es zum Beispiel im Bereich Kommunikation bestimmte Instrumente, mit denen Sie sehr viel Erfahrung haben? Gerade wenn man sich deren Auffächerung in den letzten Jahren ansieht, gibt es hier vielfältige Ansatzpunkte. Eine kleine Agentur kann diese nicht mehr alleine abdecken und Kunden suchen hier immer stärker nach entsprechenden Spezialisten. Da sich dieser Trend auch in Zukunft weiter verstärken wird, bieten sich sehr gute Möglichkeiten für Spezialisierung und Abgrenzung. Von einem Fokus rein auf die klassische Kommunikation würde ich abraten, weil es hier zu viele Wettbewerber gibt.

- Gibt es Zielgruppen, bei denen Sie über eine Kernkompetenz beziehungsweise überdurchschnittlich viel Erfahrung verfügen? Diese Kundengruppen können sehr unterschiedlich sein und benötigen daher auch ein differenziertes Know-how. Hier lässt sich an den großen Business-to-Business-Bereich denken, aber auch an speziellere Segmente wie Kinder und Jugendliche.
- Haben Sie bestimmte Strukturen, die interessant sein könnten? So stellt beispielsweise eine Agentur nur promovierte Mitarbeiter aus dem Medizinbereich ein. Ein Entscheider aus einem großen Pharma-Unternehmen war davon begeistert und hatte auch kein Problem damit, diesem Dienstleister höhere Stundensätze zu zahlen: „Mit denen kann ich endlich Projekte verwirklichen, wo ich bisher keine Chance hatte, weil ich tausend Dinge hätte erklären müssen!"

Wichtig ist: Haben Sie den Mut, sich von einem „Zuviel" an Können zu verabschieden. Konzentrieren Sie sich stattdessen. Sie würden schließlich auch zu keinem Facharzt gehen, der von sich sagt, sowohl Ihre Augen als auch Ihre Knochen behandeln zu können. Viele Agenturen behaupten aber genau das.

Hier sollen jetzt noch einige Positionierungen folgen, wie man sie in der Praxis häufig findet und die aus meiner Sicht überhaupt nicht funktionieren. Vielmehr erreichen sie fast schon ein Höchstmaß an Austauschbarkeit und kommunizieren dabei keinen Nutzen:

1. Beispiel:

Positionierung: *Wir sind eine beratungs- und konzeptstarke, inhabergeführte Agentur, die ihre Leistungen in ganz Deutschland und darüber hinaus anbietet. Unsere Erfolge sind immer hart erarbeitet. In diesem Agentur-Segment gehören wir heute zur Spitzengruppe.*

Kommentar: Auf eine solche Positionierung kann man verzichten, weil sie keine Inhalte transportiert. Welchen Nutzen hat denn eine solche Darstellung für einen potenziellen Neukunden und wie will man sich damit von anderen abgrenzen? Die Antwort ist schlicht: Überhaupt nicht! Der letzte Satz hilft auch nicht, weil weder ersichtlich wird, von welchem Agentur-Segment gesprochen wird, noch, wie man eine Spitzengruppe definiert.

2. Beispiel:

Positionierung: *Wir sind eine Full-Service-Agentur, die aufgrund ihres integrierten Ansatzes alle Aufgaben im Bereich Marketing/Kommunikation lösen kann und dies durch lange Kundenbeziehungen unter Beweis stellt.*

Kommentar: Positiv ist zu bemerken, dass es anscheinend lange und gute Kundenbeziehungen gibt. Diese muss die Agentur natürlich nachvollziehbar belegen können. Außerdem sollten namhafte Unternehmen in der Kundenliste zu finden sein (die Bäckerei um die Ecke wäre nicht so toll). Aber: Wie schon angedeutet, halte ich das Thema integrierte Kommunikation bei kleinen und mittleren Agenturen für wenig hilfreich. Denn größere werbetreibende Unternehmen haben für ihre Markenprojekte eine große Agentur, der man auch ein breites Spektrum glaubt. Außerdem kann man gerade als kleine oder mittelgroße Agentur das erforderliche Wissen nicht mehr in der notwendigen Tiefe und Breite im Haus haben. Sowohl bei meinen Gesprächen mit dem Einkauf als auch mit dem Marketing wurde fast ausschließlich diese Position vertreten. Integrierte Kommunikation als Positionierungsfaktor kann es nur bei jenen großen Agenturen geben, denen man dies aufgrund ihrer Man-Power auch glaubt. Besonders absurd wird es, wenn eine Agentur auf der einen Seite von integrierter Kommunikation spricht, bei ihren Referenzen dann aber Beispiele aus der Verkaufsförderung, der Produktliteratur oder der Internet-Kommunikation bringt.

3. Beispiel

Positionierung: *Uns zeichnet außerdem eine hoch motivierte Mannschaft mit sehr viel Erfahrung aus. Bei uns bekommen Sie mehr, als Sie erwarten. Außerdem sind wir über Partneragenturen international vernetzt, sodass wir auch außerhalb Deutschlands arbeiten können.*

Kommentar: Wenn man nichts Spannendes über sich zu sagen hat, kann man sich nur in Allgemeinplätze wie eine motivierte Mannschaft flüchten. Eine solche erwartet der Kunde aber ohnehin – also muss man sie gar nicht erst erwähnen. Eine internationale Anbindung, mit der man wie ein großes Network funktioniert, wird auch gerne angeführt. Dass es sich dabei um inhabergeführte Agenturen handelt, bei denen man im Gegensatz zu einem Network meist überhaupt keine Durchgriffsmöglichkeiten hat, sollte man lieber verschweigen. Denn wenn der Partner in Spanien schon eine Getränkemarke als Kunden hat, so wird man ihn nicht zwingen können, diese Beziehung zu beenden. Zudem bleibt bei diesen „internationalen Strukturen" meist unklar, wie häufig ein solches Netzwerk wirklich genutzt wird. Meist ist dies nicht wirklich oft der Fall.

Sag mal, was hältst du eigentlich von „Philosophien" und „Visionen", die man auf Webseiten oder Broschüren von Agenturen findet?

Bei diesen Visionen und Philosophien findet man oft viele austauschbare Floskeln: „Bei uns stehen individuelle Lösungen im Fokus", „Wir haben uns unbedingter Termintreue verschworen" oder „Wir minimieren Kosten, indem wir auf einen überflüssigen Kostenapparat verzichten" und zu guter Letzt „Wir verstehen uns als feinste Handwerker mit höchstem Anspruch!".

Wenn die Philosophien und Visionen aus austauschbaren Sätzen bestehen – welchen Sinn haben sie dann und wie grenzt man sich damit von anderen ab? Außerdem erwarten die Kunden eines Dienstleisters ohnehin viele der beschriebenen Einstellungen.

Hier sollen jetzt aber auch noch einige gelungene Beispiele von Positionierungen folgen:

Positionierungsbeispiel 1:
Wir haben uns als Agentur darauf spezialisiert, Kommunikation, die sich in zwei Dimensionen abspielt, in die dritte Dimension zu heben. Wir nennen dies Kommunikation im Raum. Der Raum kann bei Messen beginnen, über Ausstellungen und Museen reichen und sich bis zu Displays im Handel erstrecken. In der Kommunikation im Raum verfügen wir über sehr viel Erfahrung, haben aber unsere Wurzeln in der klassischen Kommunikation. Deshalb wissen wir, was die dritte von der zweiten Dimension unterscheidet, aber auch, was sie verbindet.

Kommentar: Hier hat es eine Agentur verstanden, sich auf ein Instrument der Kommunikation zu konzentrieren und darin Spezialist zu sein; sie kann dies auch glaubhaft vermitteln. Außerdem ist dieses Feld ein neues, aber immer wichtiger werdendes – daher gibt es hier ein großes Marktpotenzial.

Positionierungsbeispiel 2:
Wir sind Ihre Experten für inhaltlich-strategische Politikberatung, Campaigning und Public Affairs. Wir beraten bei der Vermittlung zwischen Politik, Wirtschaft, Medien und Gesellschaft und schlagen die Brücke zwischen Wissenschaft und politischer Praxis.

Kommentar: Auch hier hat man es mit einem Spezialisten zu tun, der sich auf einem zunehmend bedeutsamen Markt bewegt.

Positionierungsbeispiel 3:
Wir können sowohl Verkauf als auch Image. Verkaufen können wir, weil ein Teil unserer Agentur aus Spezialisten besteht, die sich mit dem Thema personengestützte Maßnahmen auseinandersetzen. Diese Kollegen wissen, wie

man am POS Abverkäufe generiert beziehungsweise Interessenten gewinnt. Der andere Teil der Agentur deckt die Bereiche klassische Kommunikation beziehungsweise Verkaufsförderung ab. Hier beschäftigen wir Spezialisten, die sich mit Themen wie Imagebildung beziehungsweise Marke auskennen. Uns zeichnet nun besonders aus, dass wir diese beiden Abteilungen miteinander verzahnen und optimal kombinieren können. Der Anteil von Image und Verkauf ist nämlich immer unterschiedlich und hängt vom Produkt ab. Ein Markenauto des Luxussegmentes wird stärker über das Image verkauft, aber einem Fast-Moving-Consumer-Good (FMCG) kann man stärkere Impulse am POS geben. Wir können dies genau einschätzen und umsetzen.

Kommentar: Einem neuen Kunden glaubhaft Potenziale und Synergien aufzuzeigen, ist immer eine schwierige Aufgabe. Die oben genannte Argumentation scheint aber nachvollziehbar – auch deswegen, weil in jedem Unternehmen ein Interessenkonflikt zwischen Marketing und Verkauf existiert. Wie gut, dass es dann einen Dienstleister gibt, der diese Konflikte überbrücken kann und daraus Synergien zieht.

Sag mal, wie wichtig ist bei der Positionierung eigentlich die Darstellung der Kreativität?

Schaut man sich die tägliche Arbeit einer mittelgroßen Agentur an, so stellt man fest, dass sehr wenig wirklich kreative Arbeit geleistet wird. Manchmal muss man sich ganz im Gegenteil fragen, ob eine Struktur aus Reinzeichnung und Projektmanagement nicht ausreichend ist. „Wirklich kreativ müssen wir zwei Mal im Jahr sein – und dann hole ich mir die entsprechenden Leute als Freelancer dazu", so der Geschäftsführer einer 20-Mann-Agentur.

Der Hintergrund: Kunden ist es heute enorm wichtig, dass die laufenden Jobs schnell und fehlerfrei abgewickelt werden. Dafür sind die meisten Kunden bereit, Geld auszugeben. Kreation mag ihre Notwendigkeit haben, wenn es um einen Pitch geht, aber im Tagesgeschäft zählen andere Dinge. Daher wird man natürlich diese kreativen Highlights im Rahmen einer Präsentation zeigen, aber die Agentur als solche zu positionieren, hat meist keinen Sinn.

Sag mal, wie wichtig ist bei der Positionierung eigentlich die Darstellung der Kreativität? (Fortsetzung)

Der oben beschriebene Fall trifft sicher auf viele Agenturen zu. Er gilt nicht nur für kleine, sondern ebenso für größere Kreativschmieden und Networks – auch hier geht es meist nur um das Abarbeiten des Tagesgeschäftes. Lediglich für eine Minderheit der Agenturen kann das Thema Kreativität ein wirkliches Positionierungsmerkmal sein. Dies hat bei Unternehmen wie Nordpol usw. funktioniert. Man sollte dann nur überlegen, ob man sich konsequenterweise auch nur darauf konzentriert und das Tagesgeschäft anderen Adaptions-Agenturen überlässt.

Empfehlung für Freelancer und Small-Agencies

Die meisten Freelancer starten nicht wirklich freiwillig in die Selbstständigkeit. Viele kommen sehr schnell auf die Idee, sich mit ebenfalls arbeitslosen Kollegen zusammenzutun und ein Netzwerk zu bilden. Mit der Überlegung, seine Leistungen günstiger anzubieten, will man auch mit größeren Agenturen in Wettbewerb treten. Dabei bleibt es oft beim bloßen Traum, da größere Unternehmen meist eine agenturübliche Struktur erwarten. Denn diese gibt ihnen die notwendige Sicherheit, dass ein Job auch erfolgreich zu Ende gebracht wird.

Was für die Positionierung von mittleren und großen Agenturen gilt, hat auch seine Berechtigung für Freelancer und kleine Agenturen. Auch diese sollten sich spezialisieren und eindeutig positionieren. Sprich: Sie müssen ihre Kernkompetenz finden und diese besetzen. Wer dies nicht tut und nach zehn Jahren Selbstständigkeit immer noch der Kontakter ist, der von Traffic bis zur Jobabwicklung alles übernimmt, der wird austauschbar und kann seine Tagessätze nicht erhöhen. Wichtig ist also, sich mit einer Hauptleistung auf den Markt zu begeben. Wenn man erst einmal für einen Kunden arbeitet und ein Vertrauensverhältnis aufgebaut hat, kann man sein Leistungsspektrum immer noch breiter darstellen. Und das ist meist auch notwendig, denn nur wenn man für einen kleinen Kunden mit mehr als einem Kommunikations-Instrument tätig sein kann, wird man ausreichende Umsatzgrößen erreichen. Außerdem wollen kleinere Kunden nicht mehrere Agenturen beschäftigen, sondern nur einen Ansprechpartner haben.

Sag mal, was hältst du eigentlich von integrierter Kommunikation und Agenturen, die entsprechend aufgestellt sind?

„Ich hasse die geistige Onanie bei Eigendarstellungen gerade von Agenturen!", erzählte mir der Marketingleiter eines deutschen Molkereiprodukte-Unternehmens im Rahmen einer Studie. „Ständig stellen sich gerade diese Werbeagenturen als besonders toll dar – und was die alles können!", sprach er mit spürbar erhöhtem Puls weiter. „Da meint selbst die kleinste Bude, alles zu beherrschen, und die nennen das dann integrierte Kommunikation! Die haben doch überhaupt keine Ahnung, wenn es um wirkliche Spezialaufgaben geht. Können sie ja auch nicht, bei der Geschwindigkeit, mit der sich der Markt entwickelt. Aber warum sie es dann nicht zugeben und sich stattdessen spezialisieren, werde ich überhaupt nie verstehen!" Eigentlich ist mit dieser kleinen Geschichte alles gesagt. Auf der einen Seite hat sich das kommunikative Instrumentarium gerade in den letzten Jahren um ein Vielfaches vergrößert. Ein Beispiel ist die gewachsene Anzahl der Fernsehsender wie auch der Fernsehzeitschriften. Innerhalb der einzelnen Disziplinen sind die Anforderungen ebenfalls höher geworden. Man denke hier nur an das Internet und seine technischen Ansprüche. Auf der anderen Seite sind auch Kunden kritischer geworden und haben durchaus verstanden, dass inhabergeführte Agenturen nicht alles abdecken können. Um von jedem nur das Beste zu erhalten, haben sie überhaupt keine andere Chance, als selektiv auszuwählen. Deshalb suchen sie sich vermehrt Spezialdienstleister. Dass es hier Ausnahmen gibt und Konzerne sich an eine Agentur binden, die dann meist ein Network ist, hat andere – vor allem finanzielle – Gründe. Diese Networks haben aber auch eine entsprechend glaubwürdige Größe und können wirklich international arbeiten und mehrere Instrumente professionell nutzen.

Vor dem Hintergrund dieser Entwicklung kann man nur jeder Agentur empfehlen, sich nicht auf „Alles" zu spezialisieren. Eine Agentur sollte sich Schwerpunkte suchen, in denen sie sich wirklich auskennt und dem Wettbewerb überlegen ist. Dass sie dann durchaus ein wenig teurer sein kann, ist ein weiterer Vorteil.

2.2 Claims – Sagen Sie mal kurz, wer sind Sie?

Ein Claim beschreibt die Kernkompetenz eines Produktes, einer Dienstleistung oder eines Unternehmens und besteht sinnvollerweise aus einem kurzen Satz. Bevor wir uns der Frage zuwenden, wie Kommunikations-Spezialisten ihre eigene Unternehmensleistung auf den Punkt bringen, möchte ich auf eine Expertenbefragung der Fachzeitschrift Werben und Verkaufen hinweisen. Hier haben sich Fachleute wie Bild-Chef Kai Diekmann oder McDonalds-Marketer Thomas Hofmann die Claims und Slogans von 14 Agenturen angesehen und nach Kriterien wie Einprägsamkeit, Verständlichkeit oder USP (Unique Selling Proposition) bewertet. „Ihr ernüchterndes Urteil: nur wenig Überraschendes und Einprägsames. Vielfach ist die Eigenwerbung unverständlich, manchmal auch absolut sinnfrei", so kann man in der Werben und Verkaufen vom 17. Juli 2008 nachlesen. Klarer Sieger war Jung von Matt, aber das ist auch nicht wirklich verwunderlich. Auf den hinteren Plätzen rangierte zum Beispiel Publicis mit dem Claim „Populäre Kampagnen für populäre Marken!". Hier drängt sich die Frage auf: Was ist denn mit den Marken, die im Moment noch nicht populär sind, dies aber in Zukunft vielleicht werden wollen?

Diese kleine qualitative Befragung hat sich auf Großagenturen konzentriert. Aber auch bei kleineren Einheiten findet man kein besseres Ergebnis. Ansätze wie „Wir erfüllen keine Erwartungen, wir gehen ein ganzes Stück darüber hinaus" oder die Selbstbeschreibung als „Chancen-Agentur" tragen sicher nicht zur Unterscheidbarkeit bei. Hier kann man nur dazu auffordern, dass Agenturen das, was sie für Kunden machen wollen, auch bei sich selber umsetzen.

Der folgende Kasten setzt sich grundsätzlich mit der Austauschbarkeit von Agenturen auseinander und fordert jenes Quäntchen an Mut, das die Dienstleister oft von ihren Kunden erwarten. Der Text ist als Gastkommentar in der „Internet-World" erschienen.

Mehr Mut in den Agenturen

Oft fehlt den Agenturen die Innovationslust, die sie von ihren Kunden fordern.

Spricht man mit Agenturleuten, so hört man sehr oft die Klage, dass Kunden zu wenig Mut für neue, eigenständige Lösungen haben. Innovative Konzepte sind aber nach Angaben der Agenturen wichtig, um den Werbung treibenden Unternehmen Unverwechselbarkeit und Eigenständigkeit zu verschaffen. Erstaunlicherweise würden diese innovativen Ansätze zwar in Briefings immer wieder gefordert, aber wenn sie dann von der Agentur präsentiert würden, verließe die Kunden der Mut und sie setzten doch lieber auf das Altbewährte. Sprich: „Ja, das ist toll, aber wir sind dann wohl doch noch nicht so weit."

Gremien entscheiden

Sicherlich haben diese Aussagen der Agenturen, dass sich ihre Kunden stärker absichern, ihre Berechtigung; schließlich werden Entscheidungen auf Werbung treibender Seite immer stärker in Gremien und nicht (mehr) von einzelnen Personen getroffen. Gerade in den DAX-Unternehmen findet man oft ein eher kurzfristiges und sicherheitsorientiertes Denken und Handeln. Allerdings müssen sich auch Agenturen selbst anschauen, wie sie mit Forderungen nach Mut und Eigenständigkeit umgehen. Das Motto kann schließlich nur heißen: „Fordere nur, was du selbst auch leistest!" Betrachtet man zum Beispiel die Internetseiten von Agenturen, so findet man dort oft nur eine sehr starke Gleichheit. (...)

Die Austauschbarkeit reicht bis zu den Abbildungen des Teams, auf denen man die Geschäftsführung zwar im Anzug, aber selbstverständlich ohne Krawatte sieht.

Die Mitarbeiter werden dann mit Phrasen wie „Wenn es kompliziert wird, dreht er erst richtig auf!" vorgestellt. Fehlende Eigenständigkeit findet man aber nicht nur bei kleinen und mittelständigen Unternehmen, sondern auch bei Großagenturen.

Mehr Mut in den Agenturen (Fortsetzung)

Austauschbarer Auftritt

Wenn es schon mehr Agenturen gibt als der Markt braucht, warum sind diese sich dann alle so ähnlich? Und wie kann man einem Kunden glaubwürdige Lösungen anbieten, wenn man selbst nicht von den anderen zu unterscheiden ist? Und warum vergibt man dadurch so viele Chancen und schöpft die vorhandenen Potenziale nicht aus? Agenturen sollten sich sehr viel stärker auf ihre Kernkompetenzen konzentrieren. In einer Welt, in der die Anzahl der Kommunikationsinstrumente immens zugenommen hat, deren Beherrschung immer mehr Wissen erfordert, kann man nicht mehr alles können. Während man internationalen Networks noch glaubt, Kommunikation in der gesamten Breite abbilden zu können, müssen sich gerade inhabergeführte Agenturen konzentrieren.

Mut zum Außergewöhnlichen

Ähnliches gilt für das Erscheinungsbild der Agenturen generell. Bei aller Notwendigkeit zur Seriosität glaubt man Agenturen auch Darstellungsformen, die ein wenig stärker outstanding sind. Niemand zwingt sie dazu, ihren Kunden bezüglich des Auftritts immer ähnlicher zu werden. Natürlich ist die Aussage richtig, dass Agentur- und Kundenbeziehungen People-Business sind. Aber für den Kunden ist dies viel einfacher zu testen, wenn man ihm sagen kann, wer man ist und worin man sich von anderen Anbietern nachvollziehbar unterscheidet. Und dazu gehört es ganz entscheidend, seine Kompetenz- und auch Nichtkompetenzfelder zu kennen und zu nennen. Das Motto „Wir holen uns erst den Auftrag und dann den Sachverstand ins Haus!", führt immer mehr zu äußerst kurzfristigen Kundenbeziehungen. An Agenturen und besonders diejenigen, die sich als kreativ und neu und als anders positionieren, kann man nur die herzliche Bitte richten, jenen Mut zu zeigen, den man oft von den eigenen Kunden fordert!

Sag mal, was hältst du eigentlich von gehirnspezifischen/neurologischen Ansätzen, um sich zu positionieren?

Immer wieder wird die Marketingwelt von neuen Moden erfasst und alle finden sie für eine kurze Zeit prima und toll. Dann kommt die nächste Welle und keiner spricht mehr von der alten. Eine etwas längere Halbwertszeit und eine gute Chance auf gesteigerte Aufmerksamkeit hat ein solcher Marketingtrend dann, wenn er mehr Sicherheit für Werbeinvestitionen verspricht. Gerade dies behaupten neurologische Ansätze. Sie gehen davon aus, dass man die Arbeit von Agenturen wissenschaftlich-objektiv bewerten kann. Dieses Neuromarketing ist laut Wikipedia ein Teilbereich des Marketings, „welcher neurowissenschaftliche Technologien einsetzt, zum Beispiel die funktionelle Magnetresonanztomografie. Das Ziel des Neuromarketings ist es, die bislang unsichtbaren Zustände und Prozesse, welche die Entscheidung eines potenziellen Konsumenten für oder gegen ein Produkt steuern, zu erforschen und sie in Beziehung zu sichtbarem Verhalten zu setzen. Es wird vor allem beobachtet, welche Gehirnareale durch verschiedene (Produkt-) Stimuli aktiviert werden. So löst die Darstellung von Produkten, mit denen sich ein Konsument stark identifiziert, eine erhöhte Aktivität im medialen Präfrontal-Cortex aus".

Die inhaltliche Argumentation halte ich für höchst fragwürdig. Die Befürworter des Neuromarketings präsentieren einige sehr spezielle Ergebnisse so, als ob sie allgemeingültig wären. Man nimmt dabei auch in Kauf, dass diese Erkenntnisse nicht mehr dem aktuellen Stand der Wissenschaft entsprechen. Außerdem gibt es im Bereich Marketing/Kommunikation und in den Bereichen Physik, Chemie oder Biologie unterschiedliche Auffassungen über Wissenschaftlichkeit. Im Marketing scheint man sich nach dem Prinzip der Validierung das zu nehmen, was die These stützt, während man im naturwissenschaftlichen Bereich doch stärker auf Falsifizierung setzt. Augenblicklich steht das Thema Neuromarketing aber noch hoch im Kurs. Solange dieser Trend anhält, kann man sich als Agentur hier sicherlich sinnvoll positionieren.

Empfehlung für Freelancer und Small-Agencies

Haben Sie sich als Freelancer oder kleine Agentur Ihr Spezialfeld gesucht, so müssen Sie einen passenden Claim finden. Meiner lautet zum Beispiel „No Business without New Business".

Sag mal, was hältst du eigentlich von einer Positionierung, die über einen niedrigen Preis funktioniert?

Die Idee, sich als die Aldis der Werbebranche zu positionieren, wurde schon von Agenturen wie White Lion ausprobiert. Über die stärkere Macht des Einkaufs ist gerade in den letzten Jahren nochmals mehr Druck auf der Kostenseite entstanden. Der Preis ist daher ein wichtiges Thema und alle Agenturen müssen an den entsprechenden Stellschrauben drehen.

Unabhängig von diesem allgemeinen Trend haben sich aber auch neue Agenturformen entwickelt, die hier einen besonderen Fokus setzen. Diese Dienstleister positionieren sich als Netzwerk, bestehend aus freien Spezialisten, die im Bedarfsfall zusammenarbeiten. Bei einer solchen Lösung, so die Argumentation, bezahlt der Kunde nur für die wirklich erbrachten Leistungen und nicht für Overheads. Diese Strukturen sind nämlich so aufgebaut, dass es nur sehr geringe Allgemeinkosten gibt.

Aus meiner Sicht funktionieren derartige Modelle lediglich für kleinere Kunden, die wirklich nur auf den Preis schauen. Gerade in Gesprächen mit dem Einkauf von großen Unternehmen wurde immer wieder klar, dass die Sicherheit, einen Job auch zu Ende bringen zu können, sehr wichtig ist. Und genau dieses Vertrauen in eine erfolgreiche Job-Abwicklung können diese „Freelancer-Agenturen" nicht bieten. Bei allen Versprechungen übernimmt niemand die Garantie dafür, dass ein freier Texter nicht wegrennt, wenn er ein anderes, besser bezahltes Projekt angeboten bekommt. Hier scheitern diese netzwerkartigen Agenturen. Bei Kunden mit professionellem Einkauf fallen sie einfach durch das Raster, da diese Unternehmen praktisch immer nur mit solchen Dienstleistern zusammenarbeiten, die eine bestimmte Organisations-Struktur bieten. Größere Unternehmen bestehen darauf, dass es eine Beratung und eine Kreation gibt – kurz: sie wollen Leute in einem Büro sitzen sehen.

Eine Profilierung über den Preis halte ich für höchst schwierig. Denn den Kunden muss klar sein, dass eine Leistung – schon gar eine qualitativ hochwertige – Geld kostet. Nach Jahren, in denen dies schwieriger durchzusetzen war, beginnen auch die Einkaufsabteilungen von Konzernen zu verstehen. Wer sich zu einem Hungerlohn anbietet, muss sich nicht wundern, wenn man ihn wie einen Sklaven behandelt.

3.

Adressen und Ansprechpartner oder: Wer ist verantwortlich?

Status: Die Agentur-Positionierung ist abgeschlossen. Idealerweise haben Sie Kriterien gefunden, die Sie vom Wettbewerb unterscheiden.

Next step: Die Suche und Selektion der Adressen möglicher Neukunden.

„Ja, also Adressen und Ansprechpartner haben wir. Die haben wir vom Adressanbieter XY gekauft!", so höre ich es ab und zu von Agentur-Kunden. Das Ergebnis ist fast jedes Mal das gleiche: Meist stimmen zwar die Adressen und Telefonnummern und man erreicht das Unternehmen telefonisch oder per Post, aber dann wird es dünn. Denn weil die Ansprechpartner immer häufiger wechseln, können die Adressanbieter immer seltener die Namen der gegenwärtig zuständigen Mitarbeiter anbieten. Daher kann es passieren, dass die genannten Personen bereits einige Jahre nicht mehr im Unternehmen beschäftigt sind. Ich kann also nur davon abraten, die Kontaktdaten von Unternehmen und Ansprechpartnern von Adressbrokern zu kaufen oder zu mieten. Aber dieser Umstand ist nicht weiter schlimm, denn bei dem später hier vorgestellten Ansatz ist die Anzahl der Ansprechpartner sehr überschaubar, sodass man diese am besten selber recherchiert.

Wählen Sie den Weg über die Adressanbieter, so sollten Sie wissen, dass diese bei sehr speziellen Ansprechpartnern meist gar nicht helfen können. Oft sind diese Verantwortlichen auch noch von Unternehmen zu Unternehmen unterschiedlich organisiert. Suchen Sie zum Beispiel den Ansprechpartner für das Thema Corporate Social Responsibility bei einem Automobilhersteller, so kann dieser entweder im Bereich Unternehmenskommunikation oder auch im Bereich Politik angesiedelt sein.

Außerdem treffen Sie immer wieder auf Firmen, die überhaupt keine Ansprechpartner nennen. Hier bietet der Empfang lediglich an, eine Mail an eine Sammeladresse oder einen Brief an eine Abteilung zu senden: „Wir übermitteln es dann schon an die richtige Person. Die setzt sich dann mit

Ihnen bei Bedarf in Verbindung!" Hier etwas zu schicken, hat natürlich keinen Sinn – Sie haben keinerlei Kontrolle über Ihre Unterlagen. Und sie wissen auch nicht, ob sie überhaupt ankommen. Also nichts versenden, aber was tun? Eine Lösung sind soziale Netzwerke wie XING oder LinkedIn. Suchen Sie dort nach den zuständigen Ansprechpartnern und lassen Sie sich dann vom Empfangsmitarbeiter entsprechend verbinden. Übrigens: Sie können diese sozialen Netzwerke auch dazu nutzen, um die Position des Ansprechpartners abzusichern. Hier lässt sich sehr schnell herausfinden, ob die Person wirklich Marketingleiter ist, wie der Empfang sagt, oder nur Assistent. Sie können unter Umständen auch sehen, wie lange er schon im Unternehmen ist und was er vorher gemacht hat. Aber auch dieser Weg ist voller Tücken: Den richtigen Ansprechpartner werden Sie auf XING oder LinkedIn nur entdecken, wenn er seine Daten aktualisiert hat.

Wenn Sie den Marketingleiter oder einen sehr speziellen Ansprechpartner über diese sozialen Netzwerke nicht finden, so gibt es noch eine weitere Möglichkeit: Sehen Sie nach, welcher Ansprechpartner für einen ähnlichen Bereich verantwortlich ist, und lassen Sie sich mit diesem verbinden. Über diesen Mitarbeiter gelangen Sie dann mit ein wenig Glück zum richtigen. Es kann natürlich auch passieren, dass Ihnen die angewählte Person nicht weiterhilft. Pech gehabt!

Aus diesen Überlegungen folgt zwangsläufig, dass Adressen und Ansprechpartner immer nur so gut sind wie ihre Pflege. Daher müssen Sie sie regelmäßig überprüfen und aktualisieren – am besten telefonisch. „Von den Ansprechpartnern in der Datenbank kenne ich vielleicht ein Drittel persönlich, weil ich mit denen regelmäßig spreche", so der Geschäftsführer einer mittelständischen Agentur. „Was mir aber auch aufgefallen ist: Die Leute wechseln sehr schnell – entweder intern oder sie gehen woanders hin oder machen sich selbstständig. Die entstandenen Lücken muss man immer wieder auffüllen. Und das kann man eigentlich nur telefonisch machen. Wenn ich dem was schicke, bekomme ich nur ganz selten die Rückmeldung, dass er nicht mehr im Unternehmen ist. Wer jetzt die Position innehat, erfahre ich in noch weniger Fällen", so der Geschäftsführer weiter.

Sag mal, wie betreibt man denn überhaupt eine sinnvolle Kundenselektion?

Potenzielle Neukunden sind oft etwas seltsam: Auf der einen Seite wollen sie eine Agentur mit Erfahrung aus der Branche, auf der anderen Seite wollen sie aber auch nicht, dass man für einen Wettbewerber arbeitet. Bei einer Auswahl von potenziellen Neukunden müssen Sie also quasi automatisch an Ihre bisherigen Erfahrungen anknüpfen und dadurch Kompetenz beweisen. Denn wenn Sie ohne Erfahrungshintergrund in einer neuen, „fremden" Branche auf Neukundenfang gehen, werden Sie meist scheitern.

Hangeln Sie sich auf diese Weise vom Bekannten weiter vor, so können Sie in der eigenen Branche beginnen. Außerdem: Je nach dem, wie eng oder weit Sie Ihr Segment definieren, können Sie dort noch viel mehr Unternehmen finden, die als neue Kunden interessant sind. Wichtig ist allerdings, dass sich diese Unternehmen hinsichtlich der folgenden Fragen ähneln:

- Werden die Produkte vergleichbar distribuiert? Für ein Unternehmen zu arbeiten, das seine Produkte im dreistufigen Vertrieb verkauft, und dann für eines tätig werden zu wollen, wo dies direkt über das Internet oder eine Hauslieferung geschieht, ist wenig sinnvoll.
- Handelt es sich um BtB- oder BtC-Kommunikation? Auch hier ist ein Wechsel nicht empfehlenswert, denn die beiden Bereiche unterscheiden sich grundlegend.
- Sind die Kommunikations-Instrumente ungefähr gleich gewichtet? In einem Markt tätig zu sein, in dem sehr viel Geld in die klassische Kommunikation (TV und Print) gesteckt wird, und dann für Unternehmen arbeiten zu wollen, die im Versandhandel tätig sind und daher viel Direktmarketing betreiben, ist auch keine wirklich effiziente Form des Neukundengeschäfts.
- Sind die Produkte oder Dienstleistungen vergleichbar? Falls nein, kann es ebenfalls sehr schwierig werden.

Sie müssen bei der Neukundenselektion immer darauf achten, dass es Verbindungen gibt und die Unterschiede nicht zu groß sind.

Sag mal, wie betreibt man denn überhaupt eine sinnvolle Kundenselektion? (Fortsetzung)

Haben Sie viel Erfahrung mit dem Thema Kundenbindung, so können Sie dies sowohl für Produkte als auch Dienstleistungen darstellen. Gibt es diese Gemeinsamkeiten, so können Sie gegenüber der neuen Branche zusätzlich argumentieren, dass Sie hier Impulse aus einer anderen, aber vergleichbaren Branche einbringen wollen.

Empfehlung für Freelancer und Small-Agencies

Wenn es sich nicht um wirkliche Spezialisten handelt, so sollten die meisten Freelancer und kleinen Agenturen am sinnvollsten „rund um den eigenen Schornstein" vertrieblerisch tätig sein. Hier haben Sie auch den besten Überblick, wer momentan einen Bedarf hat. Die entsprechenden Adressen und Ansprechpartner sammeln Sie am besten händisch. Sind Sie spezialisiert, so haben Sie den großen Vorteil, dass Sie Ihr Gebiet passend ausdehnen können. Dies gilt auch, wenn Sie einen Schwerpunkt in einer bestimmten Branche haben. Verfügen Sie etwa über viel Erfahrung im Automobilbereich, so können Sie über diese bundesweit Ihr spezielles Know-how einbringen und verkaufen.

4.
Kontaktaufnahme oder: Wir müssen mal reden

Status: Short-List von Adressen potenzieller Neukunden ist vorhanden.

Next step: Erarbeitung, wie und welche Unternehmen man anspricht.

Sie haben sich als Dienstleister überlegt, wer Sie sind und wie Sie sich von anderen sinnvoll unterscheiden. Jetzt können Sie darüber nachdenken, wie Sie mit Ihren potenziellen Kunden in Kontakt treten wollen. Die unterschiedlichen Möglichkeiten dazu werden im Folgenden dargestellt und bewertet. Allerdings: Diese Bewertungen sollten Sie nochmals individuell überprüfen. Denn die Art der Kontaktanbahnung hängt stark von persönlichen Vorlieben ab. Was bei dem einen zum Erfolg führt, funktioniert beim anderen überhaupt nicht.

4.1 Persönliches Netzwerk

Das persönliche Netzwerk umfasst sowohl Empfehlungen von Ihren Kunden und Bekannten als auch Kontakte zu Entscheidern, die Sie auf Veranstaltungen kennengelernt haben. Empfehlungen sind dabei sicherlich das wirkungsvollste und wichtigste Instrument zur Neukundengewinnung. Denn Sie werden nur weiterempfohlen, wenn man von Ihrer Kompetenz überzeugt ist. Was die Kontakte zu Entscheidern anbelangt, war das wohl erfolgreichste Beispiel die Beziehung von Shelly Lazarus zu Lou Gerstner. Shelly Lazarus hat bei Ogilvy & Mather als Etatverantwortliche den Kunden American Express betreut. Als dann Lou Gerstner von Amex zu IBM gewechselt ist, hat Ogilvy den weltweiten Etat von IBM ohne Pitch bekommen. Die Aufgabe der Agentur war die Vereinheitlichung des internationalen Auftritts von IBM. Das hat Ogilvy so gut über die Bühne gebracht, dass daraufhin weitere internationale Unternehmen mit der Agentur ins Geschäft kamen.

Auch wenn nicht jede Beziehung so große Dimensionen annimmt, ist es wichtig, mit bestehenden Kunden einen guten Kontakt zu haben und einen ebensolchen Job zu machen. Dass dies erfolgreich ist, sieht man immer wieder daran, dass Marketing-Leiter, wenn sie ihren Job wechseln, häufig ihre Agentur mitnehmen oder weiterempfehlen.

Sag mal, was hältst du von Cross-Selling-Aktivitäten bei einem bestehenden Kunden?

Unter Cross-Selling versteht man die Möglichkeit, bei einem bestehenden Kunden weitere Projekte umzusetzen – etwa bei bisher nicht betreuten Produktgruppen (horizontales Cross-Selling). Dies gilt zum Beispiel, wenn Sie als Agentur für ein Unternehmen der Lebensmittelbranche arbeiten und nun weitere Produkte bewerben. Beim vertikalen Cross-Selling verantworten Sie neben der bisherigen strategischen Arbeit nun auch die Umsetzung. Das tun allerdings die meisten Agenturen – deshalb sind hier die Potenziale meist geringer. Damit Sie Ihre Möglichkeiten im vertikalen Bereich besser ausschöpfen können, sollten Sie gerade im operativen Geschäft dem Kunden immer wieder neue Impulse geben. Grundsätzlich können Sie dabei auch das präferierte Instrument der fokussierten Akquise nutzen. Um diese Impulse aber setzen zu können, muss Ihre Kundenberatung entsprechend vertriebsorientiert eingestellt sein und agieren. Dass dies häufig nicht geschieht, liegt daran, dass sich Agenturen immer noch als Berater, aber keinesfalls als Verkäufer sehen. Deswegen heißen die Vertriebsverantwortlichen auf Agenturseite ja auch nicht Vertriebsleiter, sondern New-Business-Manager oder Director. Wichtig ist hier, dass Sie dem Kunden aktiv neue Projekte anbieten. Denn dass ein Kunde diesbezüglich auf Sie zukommt, passiert viel zu selten, wenn überhaupt.

Dass Cross-Selling häufig nicht funktioniert, liegt aber auch am Kunden. Denn dieser hat oft Vorbehalte, Agenturen mit weiteren Projekten zu betrauen, die vielleicht sogar von anderen Ansprechpartnern beim Kunden beauftragt werden. Gibt es zum Beispiel mehrere Produktmanager, so möchte oft jeder von ihnen seine „eigene" Agentur haben. In solchen Fällen ist es fast unmöglich, zu weiteren Projekten zu kommen. Manchmal hat auch der gleiche Ansprechpartner Probleme, die Agentur mit weiteren Projekten zu beauftragen – er hat Angst, von dieser Agentur zu abhängig zu werden.

Sag mal, was hältst du von Cross-Selling-Aktivitäten bei einem bestehenden Kunden? (Fortsetzung)

Das ist allerdings aus meiner Sicht unbegründet, denn es steigt ja auch die Abhängigkeit der Agentur vom Kunden und deshalb muss sie sich mehr anstrengen. Die Probleme liegen aber in jedem Fall bei der Agentur, falls diese mehr als 50 Prozent ihres Umsatzes mit einem Kunden bestreitet. Wenn der Kunde abspringt, wird es wirklich schwierig. Deshalb muss bei einer solchen Konstellation das Neukundengeschäft die höchste Priorität haben.

4.2 Awards

Die Listen der wichtigen Award-Shows werden immer wieder für die Agentur-Auswahl herangezogen, sagen die Verantwortlichen in den Agenturen. Dies gilt vor allem für jene Aufgaben, die kreatives Know-how verlangen. Gerade börsennotierte Großagenturen haben sich in letzter Zeit sehr stark auf die Award-Shows gestützt, weil sie von ihren Mutterhäusern einen gesetzlichen Maulkorb verpasst bekommen haben und keine Zahlen mehr veröffentlichen dürfen. Sie beziehen sich dabei auf den sogenannten Sarbanes-Oxley Act (SOX). Dieses amerikanische Gesetz regelt die Unternehmens-Berichterstattung und wurde nach den Bilanzskandalen bei Enron oder Worldcom eingeführt. Bei Enron wurden über vier Jahre circa 586 Millionen US-Dollar an Gewinn ausgewiesen – eine Summe, die nie vorhanden war. Die entsprechenden Fehlbuchungen wurden dann später vernichtet. Da alle Kontrollmechanismen versagt hatten, sollten nun für die Anleger wirksame Wälle aufgebaut werden. Die Antwort darauf ist SOX. Der Sarbanes-Oxley Act gilt für alle Unternehmen, die an der amerikanischen Börse notiert sind. Das Gesetz bestimmt unter anderem, dass die Konzerntöchter erst dann ihre Zahlen veröffentlichen dürfen, wenn dies die Muttergesellschaft getan hat. Diese Regelung soll die Anleger vor Insiderhandel beziehungsweise unterschiedlichen Informationsständen schützen. Für deutsche inhabergeführte

Agenturen wird SOX dann relevant, wenn sie zum Beispiel für Kunden einkaufen, die an der amerikanischen Börse notieren. Dann müssen sich die Agenturen meist an die entsprechenden Konzernregeln halten.

In Deutschland müssen aber alle hier ansässigen GmbHs ihre Jahresabschlüsse veröffentlichen. Man kann die Ergebnisse also ganz ohne Zugangsbeschränkung im Bundesanzeiger nachlesen, da die lokalen Einheiten der Networks, aber auch die Niederlassungen der Zentralen als GmbHs organisiert sind. Angemerkt sei hier fairerweise, dass man den Jahresabschluss einer Holding nicht ohne Erklärung versteht. Außerdem sind die hinterlegten Dokumente natürlich nicht mehr aktuell. Die Jahresabschlüsse kann man sich mit einer Verzögerung von zwei Jahren und mehr ansehen.

Dies ist also einer der wichtigsten Gründe, warum gerade bei den Networks die Award-Shows so beliebt sind. Bei den inhabergeführten Agenturen sind es gerade die kreativ positionierten, die sehr viel Geld für Awards ausgeben. Sie nutzen diese Veranstaltungen, um ihren USP und ihre Positionierung zu unterstreichen. Helmut Sendlmeier, Chairman und CEO von McCann Erickson in Deutschland, weist an dieser Stelle darauf hin, dass alleine die Kunden über ihre Honorare diese Kreativ-Award-Shows finanzieren. Er weist auch darauf hin, dass immer noch sehr viele der eingereichten Arbeiten ohne Auftrag, Briefing oder einen Kontakt mit der realen Welt entstehen. Dass hierfür kein Geld gezahlt wird, steht ebenfalls außer Frage. Vielmehr schreibt man sich sein eigenes Briefing für eine Arbeit, tut aber nach dem Gewinn eines Awards so, als ob es sich um einen beauftragten Job gehandelt hätte. Sendlmeier fordert hier sehr viel mehr Offenheit und Transparenz und verlangt, dass Fakes auch als solche dargestellt werden. Natürlich verfolgt man gerade bei den großen Unternehmen die entsprechenden Ergebnisse und Entwicklungen, sowohl von Seiten der Fachabteilung als auch vom Einkauf. Man ist sich aber durchaus bewusst, wie diese Ergebnisse zustande kommen, und weiß auch, dass die entsprechenden Agenturen nur für bestimmte Aufgaben relevant sind. Andere Entscheider auf Kundenseite interessieren die Ergebnisse überhaupt nicht. Erschwerend kommt noch hinzu, dass es in den letzten Jahren eine geradezu inflationäre Entwicklung im Bereich der Awards gegeben hat.

Sag mal, was hältst du eigentlich vom Golfspielen als Akquise-Instrument?

Ich finde es eine ganz mühsame Veranstaltung, was aber auch daran liegt, dass ich Golf als mehr als beschwerlich empfinde. Wenn ich jetzt aber auch noch zum richtigen Golfclub kommen und dort die richtigen Leute treffen müsste, wäre die Mühsamkeit nicht mehr zu steigern. Wenn jemand allerdings ein wirklicher Golffan ist oder ihm dies im Blut liegt, mag es prima sein, Hobby und Job zu verbinden.

4.3 Anzeigen

Mittlerweile gibt es eine kaum mehr überschaubare Anzahl von Online- und Offline-Publikationen, in denen sich Agenturen kostenpflichtig eintragen können – von den Gelben Seiten bis zu den unterschiedlichen Jahrbüchern. Man verspricht den Agenturen, dass sie damit die jeweiligen Entscheider auf werbetreibender Seite erreichen. Ich bezweifle, ob solche Einträge wirkungsvoll sind. Denn es gibt zu viele derartige Publikationen, und ich habe bisher noch keine Erfolgsmeldungen gehört. Diese Inseration scheint mehr eine Nabelschau zu sein und weniger eine durchdachte vertriebliche Maßnahme.

Sag mal, wie wichtig sind eigentlich Agentursiegel?

Agentursiegel sollen ein objektive Beurteilung eines Dienstleisters sein; eine TÜV-Plakette also. Wenn ein Siegel dies erreichen soll, muss es also auch von neutraler Stelle vergeben werden. Es macht daher wenig Sinn, eine Agentur durch seine Kunden beurteilen zu lassen. Hier wird man natürlich nur die anfragen, wo das

Sag mal, wie wichtig sind eigentlich Agentursiegel? (Fortsetzung)

Ergebnis bereits feststeht. Ein Agentursiegel sollte außerdem nicht nur die klassischen Kernbereiche einer Agentur beurteilen, sondern auch zum Beispiel die finanzielle Lage im Blickfeld haben. Wenn dies alles gelingt und auch eine entsprechende Bekanntheit auf Kundenseite vorhanden ist, kann ein Siegel durchaus Sinn machen. (siehe dazu auch www.vdwa.de)

4.4 Öffentlichkeitsarbeit bzw. Public Relations

Unter Öffentlichkeitsarbeit beziehungsweise Public Relations (diese Begriffe werden hier synonym verwendet) soll jede inhaltliche Darstellung einer Agentur oder eines Agentur-Mitgliedes in den Printmedien und den entsprechend adaptierten Internetseiten verstanden werden. Eine sekundäre Bedeutung haben Radio und Fernsehen, die nur in Ausnahmefällen über Agenturen berichten.

Der Hauptteil der Öffentlichkeitsarbeit von Agenturen spielt sich in den bekannten Fachmedien ab. Die Berichterstattung hat meist einen Schwerpunkt bei Neuigkeiten aller Art, ob es nun Etatgewinne, Personalien oder Awards sind. Hier erzielen die größeren Agenturen ein entsprechendes Echo. Die Öffentlichkeitsarbeit wird agenturseitig oft von der Geschäftsführung übernommen – einen PR-Verantwortlichen gibt es meist nur in den größeren Agenturen. (Und dieser, so hört man, wird auch als erster entlassen, wenn es wirtschaftlich mal nicht so läuft.) Auf Kundenseite lesen hauptsächlich Einkauf und Marketing diese Fachmedien. Dabei handelt es sich aber nur selten um die Top-Entscheider – diese erhalten im Ausnahmefall einen entsprechenden Auszug als Clipping.

Eines fällt auf: In den Wirtschaftsmagazinen oder im Wirtschaftsteil der Tageszeitungen findet man Agenturen höchst selten. Woran liegt das? Ist die Branche zu klein oder zu wenig interessant? Finden die Redakteure die Geschichten nicht spannend genug? Sind Agenturen nicht ausreichend aktiv? Redakteure beklagen oft, dass sie zu wenig Informationen von Agenturen bekommen; die Pressearbeit scheint eine zu geringe Bedeutung bei Agenturen zu haben. Als viel entscheidenderes Defizit wird aber die Qualität der PR-Arbeit angeführt. Oft wissen die Agenturen nicht, was eine Redaktion benötigt. Man bekomme Meldungen mit viel Luft, aber wenig Substanz, so beklagen sich viele Redakteure. Dazu sei das Ganze langweilig verpackt. Die Werbebranche sei so selbstverliebt in ihre Kreationen und Awards und betreibe eine solche Nabelschau, dass sie vollkommen vergessen habe, was Menschen außerhalb der Branche interessiere.

Wirtschafts- und Fachpresse werden also gleich behandelt, obwohl sie ganz unterschiedliche Bedürfnisse haben. Nur: Die Wirtschaftsredakteure werden keine Meldung „mitnehmen“, die einen austauschbaren News-Charakter hat. Hier müssen die Agenturen über ihren Tellerrand hinaus in Geschichten denken, die über das Tagesgeschäft hinaus interessant sein könnten – und zwar nicht nur für die Branche. So handeln aber bisher nur wenige Agenturen.

Und: Agenturen befinden sich auch hier im Wettbewerb. Der Redakteur einer Fachzeitschrift erhält täglich bis zu hundert PR-Mails von Agenturen. Davon ist aber nur ein Bruchteil verwertbar, was nicht nur an der fehlenden Relevanz liegt, sondern auch an handwerklichen Mängeln. Viele Meldungen sind schlecht geschrieben, die Nachricht ist nicht klar erkennbar, es fehlen wichtige Angaben, der Redaktionsschluss wird nicht berücksichtigt etc. Natürlich gibt es auch Agenturen, die ein gutes Gespür für relevante Themen und deren Aufbereitung haben. Leider sind das aber immer noch zu wenige. Stark verallgemeinernd lässt sich sagen, dass jene Agenturen, die für die Öffentlichkeitsarbeit eine eigene Stelle geschaffen haben oder von einem externen Dienstleister unterstützt werden, einen besseren Job in der Eigen-PR machen. Dennoch bleibt der direkte Kontakt der Entscheidungsträger zu den Journalisten immer noch der entscheidende Treiber für eine gute Pressearbeit.

PR als strategisches Instrument beim Neugeschäft

von Ingeborg Trampe (Trampe Communication, Berlin)

In Zeiten verstärkten Wettbewerbs erinnern sich Werbeagenturen ganz plötzlich daran, dass sie etwas für ihre Marke tun müssen, um Kunden auf sich aufmerksam zu machen. In konjunkturell guten Zeiten hingegen meinen die meisten Agenturen, dass sie PR nicht nötig haben. Es wird sogar damit kokettiert, dass die Schuster ja immer selbst die schlechtesten Sohlen haben. Diese Haltung offenbart ein Dilemma: Deutsche Agenturchefs haben nach wie vor nicht verstanden, dass PR ein strategisches Instrument ist, das grundlegend und kontinuierlich eingesetzt werden muss, um etwas bewirken zu können.

„Wer seine eigene Marke nicht erfolgreich pflegt, dem traut man auch nicht zu, dass er andere pflegen kann", hat einmal Jean-Remy von Matt gesagt, Mitinhaber von Jung von Matt, einer der erfolgreichsten Agenturen im deutschen Markt. Neben exzellenter Arbeit, guten Köpfen, Erfolg im Neugeschäft profiliert sich Jung von Matt gezielt und stetig durch klug überlegte PR-Maßnahmen. In ihrer Gründungsphase etwa haben sie Journalisten auf sehr smarte Weise gleich eine Reihe von PR-Geschichten geliefert. Das berühmte trojanische Pferd, das auch im Eingangsbereich der Agentur steht, ist noch heute eine beliebte Metapher für die Businessstrategie von Jung von Matt. Und das vor ein paar Jahren der Öffentlichkeit vorgestellte Durchschnittswohnzimmer einer deutschen Familie ist letztlich ein wohlkalkulierter PR-Coup, der bis heute erfolgreich nachwirkt. Natürlich hat nicht jede Agentur die Möglichkeiten und Ressourcen, ein solch öffentlichkeitswirksames Thema zu lancieren, aber jede Agentur kann in ihrem Rahmen etwas zur Eigenprofilierung tun, wenn sie es systematisch tut und sich selbst dabei richtig einschätzt.

Der Traum vom *Manager Magazin*

Wenn man sich mit Agenturmanagern, egal welcher Agenturgattung, unterhält, wird man mit den immer gleichen Wünschen konfrontiert. „Wir müssen ins *Manager Magazin*", bekommt man zu hören. Diese Aussage dechiffriert gleich zwei gravierende

Aspekte: Zum einen die Unkenntnis der meisten Agenturchefs über den Medienmarkt, deren Zielgruppen und Leserstruktur, zum anderen eine völlige Überschätzung der eigenen Bedeutung. Natürlich hat die Werbewirtschaft eine gewisse ökonomische Relevanz und im besten Fall helfen Agenturen Unternehmen dabei, ihre Produkte besser an Mann und Frau zu bringen. Aber Werbeagenturen lassen sich nur schwerlich mit Dax-Unternehmen vergleichen. Die größte Agenturgruppe Deutschland BBDO Germany, hat immerhin über 4.000 Mitarbeiter, Zahlen dürfen die größten Agenturnetworks wie BBDO, Grey, Ogilvy & Mather etc. seit Jahren nicht mehr melden. Aber man kann davon ausgehen, dass selbst Agentur-Networks eher zu den kleineren Mittelständlern gehören und damit nicht unbedingt zum journalistischen Fokus eines *Manager Magazins*. Abgesehen davon, dass die meisten Agenturchefs doch Abstand nehmen von einer Platzierung in dem kritischen Wirtschaftsmagazin, wenn sie es denn wirklich einmal aufmerksam gelesen haben.

Realistisch gesehen werden 90 Prozent der Agenturen nie eine Chance haben, in überregionale Zeitungen und Magazine wie *FAZ, Handelsblatt, Wirtschaftswoche* oder *Welt am Sonntag* zu kommen. Geschweige denn in TV und Radio. Sie haben schlicht nicht die Themen dafür. Für sie besteht die Kunst darin, gute Platzierungen in den Werbefachblättern zu erzielen. Die Fachzeitungen werden von den meisten Agenturen gnadenlos unterschätzt. Nicht nur, dass dort oft sehr gute Journalisten sitzen, die mitunter handwerklich sogar besser in ihrem Job sind als so mancher Redakteur einer überregionalen Zeitung. Hinzu kommt, dass Journalisten, die über Werbung und Marketing schreiben, sich zuerst in den Fachblättern einen Überblick über wichtige Player am Markt und spannende Themen verschaffen. Wer also jemanden vom *Handelsblatt, Frankfurter Allgemeine Zeitung* oder *Welt* auf sich aufmerksam machen will, sollte dafür sorgen, regelmäßig mit relevanten Geschichten in den Fachmedien aufzutauchen. Auch hier ist die Hürde und der Anspruch mittlerweile höher geworden. Mal eben anrufen und darum bitten, dass eine „schöne Geschichte über uns geschrieben wird", fruchtet kaum. Auch den Fachmedien muss man strategisch-überlegte Themen anbieten können, muss argumentieren können, warum das für die Leserschaft der Fachpresse interessant sein kann, und muss vor allem Neues bieten.

Zu oft sind Agenturen absendergetrieben, das heisst, sie gehen selbstverständlich davon aus, dass alles, was sie einem Journalisten erzählen, unheimlich interessant ist. Die meisten Themenangebote sind aber in Wirklichkeit irrelevant. Agenturen müssen sich auch bei Fachmedien die Mühe machen, sich hinzusetzen, darüber nachzudenken, was ihr Thema wirklich zu bieten hat, was sie einzigartig macht, was andere in der Branche davon lernen können oder wie einzigartig das Angebot für einen Kunden ist. Zugegeben, das bedeutet Arbeit und Nachdenken, aber ohne gibt es eben auch keine Geschichte. Anrufe, die sich darauf beziehen, dass man doch genau so etwas macht wie Agentur XY, die letzte Woche einen Bericht in der Fachpresse hatte, sind dabei wenig hilfreich und beleidigen eher die Intelligenz des Journalisten. Möglichst einzigartige Storylines zu entwickeln, ist nicht einfach. Und nicht umsonst holen sich Agenturen mitunter die Unterstützung von Profis, etwa PR-Leuten, um mehr relevante Platzierungen zu erzielen. Die eigentliche Kunst ist es dabei, sich in die Lage des Journalisten zu versetzen: Was könnte ihn interessieren, was ist sein Spezialgebiet, wie kann man ihm weiterhelfen, sich zu profilieren, sind dabei nur einige Fragen, die man bei der Themenentwicklung mitdenken muss.

Und mitunter hat man eben kein Thema, dass man zu einer größeren Geschichte aufpimpen kann. Vor allem kleinere und mittlere Agenturen, die nicht hochspezialisiert sind, sondern das machen, was die Mehrheit des Marktes anbietet, haben oft nicht die Aufgaben, aus denen man größere Hintergrundgeschichten entwickeln kann. Ihnen bleiben nur die Meldungen über neue Etats, neue Mitarbeiter oder Awards. Punkt. Alles andere wäre vergebliche Liebesmüh.

Einer der Kardinalfehler übrigens – unabhängig von der Agenturgröße – ist es, dass Agenturchefs oft meinen, PR kann jeder und seine Assistentin soll das mal eben nebenbei mitmachen. Diese Entscheidung ist oft der Anfang vom Ende jeder erfolgreichen PR-Initiative. Journalisten wollen mit Entscheidern reden. PR ist also Chefsache, und schaut man auf die Kundenseite, stellt man schnell fest, dass Kommunikation und PR dort in der Regel direkt am Vorstand und CEO angedockt sind. PR kann nicht jeder, was sich unter anderem daran zeigt, wie wenige Agenturen in

Medien kontinuierlich und mit klarem Profil vorkommen. Erfolgreiche PR basiert immer auf einer klaren Strategie, einem aktiven Themenmanagement und einem großen Verständnis von Medien und ihren Journalisten.

Ungenutztes Potenzial

Was ist nun mit den 10 Prozent des Agenturmarktes, die die Chance hätten, sich zu profilieren, weil sie eine entsprechende Bedeutung im Markt haben, attraktive, namhafte Kunden und interessante Projekte? Leider nutzen viele Agenturen ihr Potenzial nicht. Die Gründe sind vielfältig: Man will sich die Kosten für einen erfahrenen PR-Experten sparen; man glaubt, dass Kunden auch ohne PR auf das Agenturangebot stoßen; man hat nach halbherzigen PR-Versuchen die PR-Arbeit wieder eingestellt oder man hat sich über Ergebnisse geärgert, die anders ausgefallen sind als man das erhofft hatte. Gerade der letzte Punkt ist für Agenturen oft ein Auslöser, PR ganz einzustellen. Sie verwechseln PR-Arbeit mit Anzeigenschaltung. Wenn eine Geschichte gut durchdacht und geplant ist, der Prozess von der ersten Themendiskussion mit dem Journalisten über die Zulieferung von weiteren Informationen über die Zitatabstimmung bis hin zum Erscheinen des Artikels vernünftig begleitet wird, mündet das in der Regel in eine faire und interessante Berichterstattung. Die Annahme mancher Agenturchefs, Berichte seien nur dann gut für die Agentur, wenn sie quasi unkritische Eigen-PR darstellen, ist schlicht falsch. Wer liest schon gerne Geschichten, bei denen man schnell den Eindruck hat, dass nur unreflektiert die Sicht der Agentur wiedergegeben wurde? Kunden lesen so etwas jedenfalls nicht. Ein gewisses Maß an kritischer Auseinandersetzung ist sogar hilfreich, um Agenturgeschichten für viele Leser interessant zu machen. Entscheidend ist, dass fair recherchiert wurde und sich das entsprechend in der erscheinenden Geschichte niederschlägt.

Fazit: PR ist seit Jahrzehnten ein Stiefkind bei deutschen Werbeagenturen. Sie wird weder systematisch noch strategisch betrieben und das, obwohl PR auf die eigene Marke einzahlt, potenziell interessante Bewerber auf sich aufmerksam macht, bei Neugeschäftsprozessen hilft und bestehende Kunden darin bestärkt, mit was für einer guten Agenturpartner sie zusammenarbeiten. In Krisenzeiten mal eben schnell mit

PR anfangen zu wollen, ist ebenso unsinnig, wie PR in guten Zeiten einzustellen, weil man sie dann angeblich nicht braucht. Bei PR gilt eine klare Regel: Entweder ganz oder gar nicht.

Checkliste: Wie gehe ich ein PR-Thema an?

- PR ist Chefsache
- PR sollte möglichst aus einer Hand kommen (nicht dauern wechselnde Ansprechpartner)
- Haben Sie wirklich News?
- Ist das Thema zeitgemäß, reflektiert es eine aktuelle Diskussion?
- Ist das Thema glaubwürdig, passt es zur Agentur, kann es belegt werden?
- Ist das Thema einzigartig oder war es schon zig Mal in der Presse?
- Kann ich Extras anbieten (zum Beispiel Kundeninterviews)
- Stimmen die Formalien?
- Welches Bildmaterial kann ich liefern?
- Muss ich die Presse-Info mit Kunden abstimmen?
- Habe ich eine Kontaktadresse hinterlegt?
- Üben Sie keinen Druck auf Journalisten aus, akzeptieren Sie deren Unabhängigkeit
- Verwechseln Sie PR nicht mit Werbung (PR kostet Geld, wenn auch überschaubare Summen)
- Lassen Sie sich nicht entmutigen; manchmal braucht man drei oder vier Anläufe, um ein Thema zu platzieren
- Seien Sie selbstkritisch und auf keinen Fall arrogant

Checkliste 2: PR-Ideen generieren

- Interessieren Sie sich für viele Themen, schauen Sie über den berühmten Tellerrand (Kino, Theater, Fernsehen, öffentliche Diskussionen)
- Lesen Sie viele Zeitungen und Zeitschriften für den Überblick und um ein Gespür für Themen in den jeweiligen Medien zu entwickeln
- Führen Sie ein Ideenbuch (ohne Zensur)
- Analysieren Sie Zeitungsberichte

- Entwickeln Sie vorhandene Ideen weiter
- Überlegen Sie, was das Gegenteil einer Geschichte sein kann
- Fragen Sie Bekannte, was spannend an Ihrer Agentur ist
- Denken Sie über menschliche Geschichten nach
- Fragen Sie sich, was Sie selbst generell gerne lesen
- Kein Fachchinesisch – Themen müssen allgemein verständlich bleiben

Sag mal, was hältst du eigentlich von Blogs und Foren beim Thema Neukundengewinnung?

Man muss sich bei Blogs und Foren fragen, ob man hier die richtige Zielgruppe trifft; genau dies glaube ich nicht. Sowohl in Foren als auch in Blogs wird man fast keine Marketing-Entscheider treffen.

4.5 Veröffentlichungen der Fachpresse

In Medien wie *Werben und Verkaufen*, *New Business* oder *Horizont* wird immer von neuen und vor allem aktuellen Etatvergaben berichtet. Viele Verantwortliche auf Agenturseite beglücken in der Folge die entsprechenden Marketing-Entscheider sofort mit ihrem Leistungsvermögen in Briefform. Das Ganze klingt dann etwa so: „Wir gratulieren Ihnen zu Ihrer neuen Herausforderung und möchten diese Möglichkeit nutzen, um Ihnen unsere Leistungen vorzustellen. Besonders viel Erfahrung haben wir in Ihrer Branche und suchen daher das persönliche Gespräch mit Ihnen. Anbei finden Sie auch einige Informationen zu unserer Agentur. Wir erlauben uns auch, Sie in den nächsten Tagen anzurufen, um einen Termin zu vereinbaren. Mit freundlichen Grüßen …"

Meistens wird dann gar nicht mehr angerufen und wenn man es doch tut, so fällt es schwer, einen konkreten Ansatzpunkt für eine mögliche Zusammenarbeit zu finden. Ich habe keine guten Erfahrungen mit derartigen Kontakten gemacht, da schlicht und ergreifend zu viele Menschen anrufen oder sich anders mit dem neuen Ansprechpartner in Verbindung setzen. Wenn man schon Kontakt aufnimmt, sollte man vorher wenigstens wissen, was man denn konkret bei einem persönlichen Gespräch bereden möchte. Dazu mehr im Kapitel „Nutzenorientierte Akquise".

4.6 Teilnahme an Events im weitesten Sinne

Kontakte zu Entscheidern zu knüpfen, die Sie auf Veranstaltungen usw. getroffen haben, kann auch sehr wichtig sein. Es setzt aber voraus, dass Sie „offensiv“ sind und sich in einem solchen Umfeld bewegen können. Das lässt sich sicherlich trainieren, erfordert aber auch eine entsprechende Affinität. Hat eine solche Veranstaltung einen sehr starken Bezug zum Agenturgeschäft, so lässt sich das Gespräch leicht auf die entsprechenden Leistungen und Fähigkeiten der Agentur lenken. Zu denken ist hier zum Beispiel an entsprechende Seminare oder Veranstaltungen der Marketing-Clubs. Neben der Agenturdarstellung muss aber auch ein konkreter Anknüpfungspunkt für eine mögliche Zusammenarbeit vorhanden sein. Einige New-Business-Verantwortliche gehen noch einen Schritt weiter: Sie wählen Seminare weniger nach dem Thema aus, sondern nach der Höhe der Seminarkosten: „Je höher diese sind, desto besser ist das Seminar für uns geeignet.“ Die Annahme dahinter: Auf einem entsprechend teuren Seminar sind jene kundenseitigen Entscheider anzutreffen, die in der Hierarchie weit oben angesiedelt sind. Und genau mit denen will man ins Gespräch kommen.

Entscheidend ist es, dass Sie die geknüpften Kontakte auch im geschäftlichen Alltag weiterführen und letztendlich in entsprechende Geschäfte münden lassen. Sehr oft lässt sich beobachten, dass auf dieser Ebene eingegangene Beziehungen versanden, weil man nicht Zeit hat, sie nachzuverfolgen.

Auf dem Markt der Skurilitäten liegen jene Anbieter ganz weit vorne, die den Agenturen garantieren, im Rahmen einer Veranstaltung mit einer Mindestanzahl möglicher Neukunden sprechen zu können. Dabei scheint auf den ersten Blick alles zu stimmen: Von den werbetreibenden Unternehmen sind wirklich große dabei und deren Ansprechpartner sind Entscheider. Man hat außerdem eine Mindestgesprächszeit. Die Kosten für eine solche Veranstaltung sind allerdings immens hoch. Schaut man noch genauer hin, so gibt es eigentlich keine Etats zu vergeben und die Motivation der Entscheider besteht nicht darin, eine neue Agentur zu finden, sondern auf hohem Niveau ein paar Tage Urlaub zu machen. Eine Gelddruckerei für den Veranstalter.

Sag mal, was hältst du eigentlich von Inhouse-Veranstaltungen?

Inhouse-Veranstaltungen können Seminare oder Themen-Abende zu ausgewählten aktuellen Trends sein. Meist wird eine solche Veranstaltung von externen Experten aufgewertet und sollte natürlich mehr oder minder stark auf die Kompetenz der Agentur einzahlen. Dabei haben Vorträge oder Seminare den großen Vorteil eines fachlichen Bezugs. Außerdem ist die Teilnehmerzahl überschaubar und persönlichere Gespräche sind kein Problem. So lassen sich Inhalte erfahren, die sonst nicht zugänglich sind und wichtige Impulse sein können.

Ein wichtiges Hindernis sind die vielen konkurrierenden Veranstaltungen. Deswegen ist es manchmal nicht ganz einfach, eine ausreichende Anzahl an Teilnehmern zu gewinnen. Nichts ist peinlicher als ein Vortragsabend, bei dem die Referenten vor leeren Reihen reden. Ich habe an einer Veranstaltung teilgenommen, zu der sehr interessante Redner angekündigt waren, etwa Professor Kurt Biedenkopf.

Auch die Location war gut gewählt: ein Luxus-Hotel im Taunus bei Frankfurt. Dazu war eigentlich ein kleiner Eintrittspreis geplant. Da sich aber zu wenige Interessenten angemeldet hatten, wurden fast allen Teilnehmern die Seminarkosten erlassen – und trotzdem musste die Veranstaltung mit vielen Agenturmitarbeitern aufgefüllt werden. Das Problem in solchen Fällen ist, dass sich auch über telefonisches Nachfassen kaum weitere Teilnehmer gewinnen lassen.

4.7 Öffentliche Ausschreibungen

(Die Basisinformationen dieses Kapitels stammen aus einem empfehlenswerten Vortrag von Dr. Ralf Korell. Das entsprechende Video finden Sie auf www.akquise.tv.)

Spricht man Agenturverantwortliche auf öffentliche Ausschreibungen und ihre diesbezüglichen Erfahrungen an, so bietet sich selten ein positives Bild. Schnell ist von der Undurchschaubarkeit dieser Abläufe die Rede und von einer Fülle an Unterlagen, die man bei einem Pitch vorab zur Verfügung stellen muss. Und schließlich werden die Chancen für einen Zuschlag als viel zu gering erachtet, da ohnehin nur der billigste Anbieter gewinnt. Soviel zur Schattenseite – aber es gibt auch positive Aspekte: So sind die öffentlichen Institutionen, die ihre Projekte ausschreiben müssen, ein hoch interessantes Potenzial. Außerdem gehören öffentliche Auftraggeber – wenn erst einmal eine Geschäftsbeziehung besteht – zu den treuesten Kunden und sind per Definition immer solvent; eine Zahlungsunfähigkeit beziehungsweise eine Pleite ist also fast ausgeschlossen.

Aber auf öffentliche Ausschreibungen – und hier besteht wohl das größte Missverständnis – sollten Sie sich nicht erst bewerben, wenn Sie und ihre Mitbewerber die Ausschreibung gesehen haben. Einen öffentlichen Auftraggeber als neuen Kunden zu gewinnen, erfordert ganz im Gegenteil einen sehr langen Atem und eine ebenso umfangreiche Vorbereitung. Dies liegt zum Beispiel daran, dass Behörden in der Regel sehr groß sind und Sie erst den richtigen Ansprechpartner finden müssen. Aber haben Sie mit dem Ansprechpartner schon in der Vorbereitungsphase der Ausschreibung persönlichen Kontakt, so können Sie möglicherweise den Ausschreibungstext so beeinflussen, dass Ihr Unternehmen mit einer hohen Wahrscheinlichkeit als Sieger hervorgeht. Die Chancen dafür sind noch besser, wenn Sie außerdem die Prozesse und Herausforderungen so gut kennen, dass Sie das auszuschreibende Projekt selber initiieren. Ziel muss es immer sein, den Text der Ausschreibung so speziell zu gestalten, dass Sie selbst am besten geeignet sind. Dafür ist eine lange Vorbereitung nötig. Aber diese lohnt sich besonders dann, wenn ein Projekt freihändig, also ohne öffentliche Ausschreibung vergeben wird.

Wenn aber bei einigen Projekten der Gewinner schon feststeht – woran erkennen Sie diese Proforma-Ausschreibungen? Falls schnörkellos beschrieben ist, welches Produkt oder Dienstleistung gesucht und welche Stückzahl gewünscht wird, so deutet dies auf eine „Nicht-Proforma-Ausschreibung" hin. Hier ist das entscheidende Kriterium der Preis. Haben Sie es im Gegensatz dazu mit einem sehr detaillierten Leistungsverzeichnis zu tun, so ist es wahrscheinlicher, dass ein Wettbewerber schon sehr früh Einfluss genommen hat. Hier sind die nachgefragten Leistungen auf das Angebot des Wettbewerbers abgestimmt. Ähnlich skeptisch sollten Sie auch sein, wenn ein Hersteller genannt ist, der eine bestimmte (Teil-)Leistung erbringen soll. Obwohl generell darauf hingewiesen wird, dass auch vergleichbare Produkte akzeptiert werden, hat dies keine Auswirkung auf die Chancen, da solche Zusätze aus ausschreibungsrechtlichen Gründen formuliert werden müssen.

Nun aber zu den Vergabemöglichkeiten von öffentlichen Aufträgen: Die freihändige oder direkte Option wurde schon kurz genannt. Diese Methode, ohne allgemeine Bekanntmachung Aufträge zu vergeben, wird aber nur selten angewendet. Denn der öffentliche Aufraggeber ist dazu angehalten, ab einem bestimmten Betrag (5.000 Euro inklusive Mehrwertsteuer) öffentlich auszuschreiben. In der Praxis findet man aber weitaus höherwertige Gesamtprojekte, die direkt vergeben werden. Wenn man die ausschreibenden Personen kennt, muss es natürlich das Ziel sein, die Projektgröße so zu definieren, dass es direkt vergeben werden kann. Neben der Betragshöhe muss der Auftraggeber eine sehr gute Begründung und Dokumentation für dieses Verfahren vorweisen.

Beim offenen Verfahren wird die Ausschreibung einem unbegrenzten Personenkreis zugänglich gemacht; es kann sich also jeder bewerben. Je nach Auftragsumfang handelt es sich um eine europaweite oder regionale Ausschreibung. Auch in ersterem Fall erhöht sich die Anzahl der Wettbewerber nicht automatisch explosionsartig. Denn ein weit entfernter Partner wird teurer sein und die Abstimmungsprozesse sind komplizierter. Eine weitere Vorgehensweise ist der öffentliche Dialog. Dieser wird allerdings nur bei sehr komplexen Verfahren eingesetzt, die für den Kommunikationsbereich kaum bedeutend sind. Hier setzt sich die ausschreibende Institution mit einigen Anbietern in Verbindung und definiert die Rahmenbedingungen. Erst dann schließt sich eines der anderen eben genannten Verfahren an.

Während beim offenen Verfahren auf Bundes- und Landesebene auch vorgeschrieben ist, wo diese veröffentlicht werden müssen, ist das bei regionalen nicht der Fall. Zieht der Auftraggeber bei den erstgenannten das Bundesanzeigen- und EU-Ausschreibungsblatt heran, so kann er regionale Projekte auch in kleinen Bekanntmachungen „verstecken". Darauf können Sie natürlich gezielt einwirken, wenn Sie die Verantwortlichen gut genug kennen.

Was sind aber nun die entscheidenden Kriterien, um einen öffentlich ausgeschrieben Auftrag zu erhalten? Während in der Privatwirtschaft bei einem Einkauf, der auf Agenturen spezialisiert ist, das beste Preis-Leistungs-Verhältnis zählt, so ist es hier ganz primär der günstigste Preis. Das heißt allerdings nicht, dass Sie darauf keinen Einfluss nehmen können. Sie können – und zwar dann, wenn Sie die richtigen Ansprechpartner kennen und schlicht und ergreifend den günstigsten Preis mitdefinieren. Die Frage muss ja noch beantwortet werden, ob man sich nur über den Stückpreis unterhält oder auch die Folgekosten berücksichtigt.

Agenturauswahl durch eine öffentliche Ausschreibung

von Oliver Klein, Inhaber cherrypickers (Agency Selection Service, Hamburg)

Grundsätzliche Unterschiede zwischen einer öffentlichen Ausschreibung und einem privaten Auswahlverfahren

Wenn ein Unternehmen oder eine Institution der öffentlichen Hand eine neue Agentur sucht, muss dies in der Regel öffentlich ausgeschrieben werden. Anders als bei der Agenturauswahl der „privaten Wirtschaft" unterliegen öffentliche Ausschreibungen sehr strengen Vorgaben. Der Auftraggeber kann also nicht wie in einem privatwirtschaftlichem Unternehmen einfach ein paar Agenturen zu einem Pitch einladen und sich dann die beste und/oder günstigste aussuchen. Vielmehr muss er sich an Prozesse, Spielregeln und zeitliche Vorgaben halten, die gesetzlich festgelegt sind.

Jedoch besitzt das Vergaberecht leider keine speziellen Regeln für die Vergabe von Kommunikationsdienstleistungen. Vielmehr gelten hierfür grundsätzlich die gleichen Spielregeln wie bei dem der Bau einer Autobahn, dem Putzen von Behörden, der Bereitstellung eines Systems für Mautgebühren oder der Übernahme von Krankenhäusern.

Dabei hat der Auftraggeber klar die Grundsätze der Gleichbehandlung aller Marktteilnehmer, des Verbots der Diskriminierung und des Gebots der Transparenz zu beachten. Das bedeutet, dass ein Auftraggeber nicht einfach die Agentur beauftragen darf, die er möchte. Vielmehr muss er jeder Agentur die Chance geben, zu zeigen und zu belegen, ob und wie weit sie für die ausgeschriebenen Leistungen infrage kommt. Und diejenige Agentur, die dies dann nach einer objektiven, fairen und diskriminierungsfreien Beurteilung am besten darlegen kann, muss dann auch den Zuschlag, sprich den Auftrag, erhalten.

Das bedeutet im Umkehrschluss, dass die Bieter, sprich Agenturen, ein Recht auf bestimmte Informationen haben. Sollte eine Agentur der Meinung sein, dass das Auswahlverfahren nicht mit „rechten Dingen" zugegangen ist, hat sie sogar das Recht, einen Einspruch einzulegen, indem sie ein sogenanntes Nachprüfungsverfahren beantragt. In dem Zeitraum dieses Verfahrens darf der Auftrag auch nicht vergeben werden. Etwaige Termine müssen entsprechend verschoben oder neu geplant werden. Ob es dabei um eine Kampagne im Rahmen einer Fußball WM geht, die natürlich nicht verschoben werden kann, spielt dabei keine Rolle. Eine Möglichkeit, die in der privaten Wirtschaft undenkbar wäre.

Qualifikation von Auftraggebern

In privatwirtschaftlichen Unternehmen gibt es in der Regel eine Marketing- oder Kommunikationsabteilung und somit Menschen, die sich mit dem jeweiligen Fachgebiet professionell beschäftigen.

Bei öffentlichen Auftraggebern fehlt häufig eine solche Fachabteilung. Wenn überhaupt gibt es dort vielleicht Menschen, die sich mit Öffentlichkeitsarbeit befassen. Deren Qualifikation bei der Beurteilung einer Werbekampagne, einer Online-Plattform, gar einer „360°-Lösung" oder der fachlichen Beurteilung der teilnehmenden Agenturen darf sehr kritisch hinterfragt werden. Dies gilt sowohl für den Auswahlprozess, für die fachliche Beurteilung der vorgestellten Kampagnen, für die Einschätzung der Agenturangebote beziehungsweise des Preis-/Leistungsverhältnisses als auch für die spätere Steuerung der Agentur.

Wohl nicht ohne Grund sind die sichtbaren Ergebnisse von öffentlich ausgeschriebenen Maßnahmen wie zum Beispiel Kampagnen aus handwerklicher und qualitativer Sicht häufig deutlich schlechter als Kampagnen der privaten Wirtschaft. Und das, obwohl einige der zuständigen Agenturen gleichzeitig zeigen, dass sie für andere Kunden deutlich bessere Leistungen erbringen können.

Den ausschreibungspflichtigen Stellen und deren Verantwortlichen kann an dieser Stelle nur dringend geraten werden, sich externen Sachverstand mit einer fundierten Erfahrung mit Ausschreibungen für Kommunikationsleistungen zur Seite zu stellen.

Die drei größten Fehler von Auftraggebern

Fehler 1: Erst ausschreiben, dann kommt der Rest

Eine Ausschreibung ist ein langwieriger Prozess. In der Praxis kann man immer wieder veröffentlichte Ausschreibungen finden, die insbesondere in der Aufgabenbeschreibung nicht eindeutig zu verstehen sind. Häufig geschieht dies aufgrund von Zeitmangel. Meist dient hier sogar eine andere Ausschreibung als Muster für den Ausschreibungstext. Man hat sich also vorher nicht oder nicht ausreichend mit den konkreten Anforderungen, den sinnvollen Bewertungskriterien zur Eignung einer Agentur oder der Aufforderung zur Angebotsabgabe in einer späteren Phase befasst. Ob aus mangelnder Zeit oder fehlender Fachkompetenz, ist unerheblich: Das Ergebnis ist häufig eine sehr allgemeine und unspezifische Veröffentlichung.

In vielen dieser Fälle rächt sich dies im weiteren Ausschreibungsverlauf. Die möglichen Folgen: Es reichen zu viele geeignete Agenturen aufgrund von zu grob aufgestellten Kriterien ein, keine wirklich gut passende Agentur ist dabei, weil die Anforderungen vorgeben, dass die Agentur alles können muss, oder keine der spannenden Agenturen bewirbt sich, weil ihnen die einzureichenden Informationen und der damit verbundene Aufwand zu groß sind und ausschreibungspflichtige Stellen fast immer viel mehr Zusatzarbeit bedeuten.

Dem kann man entgegenwirken, indem man für eine gute Vorbereitung einer Bekanntmachung mindestens vier bis sechs Wochen einplant, die Anforderungen fachlich fundiert festlegt und den gesamten Prozess vorher komplett konzipiert.

Fehler 2: Alles in einem Schritt erledigen wollen

Eine Reihe von aktuellen Ausschreibungen fordern gleich mit der Bekanntmachung die Agenturen auf, neben der Einreichung von Eckdaten und Referenzen gleichzeitig einen Lösungsvorschlag und eine konkrete Kalkulation zu erarbeiten. Die Detailinformationen kann man dann bei der Vergabestelle anfordern.

Dies ist für alle beteiligten Agenturen ein sehr fragwürdiges Verfahren, da es in solchen Fällen kein persönliches Briefing des Auftraggebers noch irgendeinen Hinweis auf die Anzahl der Wettbewerber und die mögliche Chance eines Zuschlages gibt. Außerdem kann bei diesem Vorgehen meistens nicht jede Agentur die Möglichkeit erhalten, ihre Arbeit persönlich zu präsentieren. Eine Aufwandsentschädigung (Pitchhonorar) für die Entwicklung von Ideen ist in einem solchen Verfahren ebenfalls nicht üblich. Es ist kein Wunder, dass viele Agenturen bei einem solchen Vorgehen gerne von „getürkten Ausschreibungen" und „Unseriosität" sprechen und aufgrund dessen oder aufgrund der nicht ersichtlichen Chancen von einer Teilnahme absehen.

Neben der somit unwahrscheinlichen Teilnahme von „guten" Agenturen birgt ein solches „Massen-Pitch-Verfahren" das für den Auftraggeber nicht unerhebliche Risiko, dass eine vorher nicht kalkulierbare Zahl von Agenturen teilnimmt. Bei diesen sind dann nicht nur die generelle Eignung, sondern auch fachlich qualifiziert deren Vorschläge und Angebote zu prüfen.

Es ist in vielen Fällen sinnvoll und empfehlenswert, ein zweistufiges Verfahren mit einem Teilnahmewettbewerb und einer Eignungsprüfung in der ersten Stufe und schließlich einer Angebotsphase mit Briefing und persönlicher Präsentation der Vorschläge und Angebote vorzunehmen.

Fehler 3: Ausschreibung ohne ausreichende Kommunikations-Kompetenz

Anders als in vielen anderen Branchen fehlen für die Bewertung von Kommunikations-Konzepten und der Leistungen der entsprechenden Agenturen feste Messgrößen. Grund dafür sind viele weiche und kaum harte Faktoren, was die Unterscheidung zwischen guten und schlechten Konzepten deutlich erschwert. In der Regel kann dies nur mit ausreichender und aktueller Erfahrung mit Kommunikation und den der jeweiligen Aufgabe entsprechenden Spezialdisziplinen sinnvoll erfolgen.

Im Vergleich zu Entscheidungen in der Industrie mangelt es bei öffentlichen Aufträgen aber sowohl bei den Zwischenbewertungen als auch den Abschlussentscheidungen häufig an dieser Fachkompetenz. In vielen Fällen sind Auftraggeber der öffentlichen Hand kommunikationsfachlich Amateure, da solche Aufgaben nicht zu ihrer regulären Tätigkeit gehören.

Eine Lösung könnte in solchen Fällen das Hinzuziehen einer entsprechenden Beratung und der Implementierung eines Fachbeirates sein, der sich aus Profis der Wirtschaft zusammensetzt. Da es bei öffentlichen Kommunikationsaufgaben meist auch um ein öffentliches Interesse geht, ist nach meinen Erfahrungen die Industrie meist gerne bereit, sich fachlich einzubringen, zumal der zeitliche Rahmen eines Fachbeirates auch überschaubar ist.

Neben den öffentlichen Auftraggebern machen aber auch die Agenturen eine Reihe von Fehlern. So besitzen diese meist hinsichtlich Ihrer Kompetenzen einen gesunden Optimismus und nehmen ohne realistische Einschätzung an jeder Ausschreibung teil. Ferner reichten bisher bei Ausschreibungen, bei denen cherrypickers beteiligt war, circa 50 Prozent der Agenturen nur unvollständige Unterlagen ein. Diese Agenturen können im weiteren Verlauf eines Ausschreibungsverfahrens dann nicht mehr berücksichtigt werden.

Für viele Agenturen ist aber auch schlicht nicht einschätzbar, ob sich ein Investment in eine Ausschreibung überhaupt lohnt. Dies kann aber nicht im Interesse derjenigen Auftraggeber sein, die ein Interesse an bestmöglichen Lösungen und einer professionellen Agenturbeziehung haben. Es bleibt zu hoffen, dass diese kurze Skizzierung zu einer Besserung der aktuellen Situation in absehbarer Zeit spürbar beiträgt.

Empfehlung für Freelancer und Small-Agencies

Besonders als Freelancer sind Sie bei der Akquise auf ein gutes Netzwerk bestehender Kontakte angewiesen. Mit einem guten Draht zum Auftraggeber – am besten direkt zum (Agentur-)Geschäftsführer – haben Sie viel bessere Chancen. Für die Spezialisten unter den „Freien" ist auch die PR ein besonders spannendes Akquise-Instrument. Gerade über Veröffentlichungen – etwa von Studien – in den passenden Fachzeitschriften machen Sie auf sich aufmerksam und können so passiv Kontakte generieren. Nutzen Sie aber nur solche Themen, die die Fachzeitschriften als attraktiv wahrnehmen. Klären Sie das einfach telefonisch ab, bevor Sie mit dem Schreiben beginnen. Gibt es gleich ein paar Branchenmedien, die von unterschiedlichen Verlagen herausgegeben werden, so legen diese meist großen Wert auf Exklusivität. Sie können also nicht auf mehreren Hochzeiten tanzen.

4.8 Mailings und Telefonate als Akquise-Instrumente

Mailings

Nach diesem Ausflug in die Welt der öffentlichen Auftraggeber kommen wir nun zu wichtigen Instrumenten der Agentur-Akquise: Mailings und Telefonate. In diesem Zusammenhang sind viele Agenturen überzeugt, dass man doch dem Ansprechpartner auf werbetreibender Seite unbedingt etwas zuschicken müsse, bevor man anruft: „Die Leute müssen doch etwas in der Hand haben, auf das man sich bei einem Anruf beziehen kann, und sie sollen wissen, dass sich überhaupt jemand melden wird." Diese Zusendungen – die an mehrere Personen in mehreren Unternehmen verschickt werden – sollen hier als Mailings definiert werden. Ein solches Mailing kann unterschiedlich gestaltet sein: vom einfachen Anschreiben bis zur aufwendig gestalteten Aussendung (siehe dazu unten Mailing mit Item).

Wenn viele Aussendungen verschickt werden, greifen die Agenturen meist auf Adressbroker zurück. Allerdings wurde bereits oben beschrieben, dass viele Mailings gar nicht die gewünschte Person erreichen. Deshalb sollten Sie sich überlegen, die Adressen und Ansprechpartner grundsätzlich händisch zu ermitteln. Aus eigener Erfahrung kann ich sagen, dass sich dieser Weg lohnt – auch wegen des besseren Kosten-Leistungs-Verhältnisses.

Neben diesen Punkten sollten Sie eines beachten: Ein Mailing ohne ein nachfolgendes Telefonat ist so gut wie immer wirkungslos. Denn die Entscheider bekommen viel Post von den unterschiedlichsten Anbietern und dabei geht die einzelne Aussendung leicht unter. Erfolgversprechend kann ein solches Vorgehen nur dann sein, wenn der mögliche Kunde gerade beim Eintreffen des Schreibens akuten Bedarf hat, was aber mit sehr viel Glück verbunden ist. Ein reines Mailing ist daher als Instrument für eine Gesprächsanbahnung nicht zu empfehlen.

Mailing mit Items:

Eine Aussendung kann mit attraktiven Items aufgewertet werden – die Möglichkeiten reichen hier von kleinen Zugaben bis zu aufwendig gestalteten Mailings. Grundsätzlich ist es schwierig, mit kleinen Inhalten genügend Aufmerksamkeit zu erreichen. Denn die Ansprechpartner erhalten sehr viele Unterlagen und erinnern sich nur an auffällige und große Zusendungen.

Schaut man sich etwa einige Arbeiten zum Thema Neukundengewinnung von Agenturen an, die es auf die Shortlist des CREA 2008 geschafft haben, so ergibt sich genau dieses Bild. Der CREA *Credential* Award ist eine Auszeichnung für die Eigendarstellungen von Kommunikationsagenturen. Die Gewinner und die Shortlist werden von Kundenentscheidern bestimmt.

Auf der CREA-Shortlist 2008 findet man zum Beispiel eine Arbeit der Hamburger Agentur „Den Mutigen gehört die Welt". Hier wurde ein überdimensioniertes Tischtennisfeld inklusive Netz und Schläger an 20 potenzielle Neukunden verschickt. Das Tischtennisfeld selber war mit dem Namen und den Kontaktdaten der Agentur versehen. Von den 20 angeschriebenen Ansprechpartnern hat man sich mit vier persönlich unterhalten; erste Projektaufträge in unbekannter Größe sind eingegangen. An diesem Beispiel sehen Sie schon, dass der Aufwand sehr hoch ist. Schließlich muss diese Idee auch umgesetzt und produziert werden. Einen ähnlichen Eindruck erhält man durch die Arbeit einer weiteren Agentur, die es auf die Shortlist 2008 geschafft hat. Hier wollte sich die Siegener Agentur Federhen Schneider als sehr persönlicher Dienstleister positionieren. (Man darf nebenbei die Frage stellen, ob dies denn wirklich unique ist.) Dazu hat jeder Mitarbeiter sein (letztes) Hemd gespendet, und es wurde daraus eine Puppe genäht. Jeder Ansprechpartner (Marketingverantwortliche) hat so ein Unikat eines Hemdes in Form einer Puppe erhalten. Das Making-of wurde im Internet dokumentiert. Auch hier die Frage: Kann man damit tatsächlich einen Erfolg erwarten, der den Aufwand rechtfertigt? Ein besonderer Fokus muss hierbei immer auf den anzuschreibenden Unternehmen liegen. Diese müssen bei einer so eindrucksvollen Aussendung eine gewisse Größe haben und auch entsprechende Werbespendings aufweisen. Entscheidend bei der Ausarbeitung derartiger Mailings ist die Frage: Welchen Gewinn können Sie mit dem Adressaten machen und wie viel sollten Sie daher investieren? Auf diese Überlegung sollte keine Agentur zugunsten der Gestaltungsliebe verzichten.

Telefonat (mit oder ohne vorgeschaltetem Mailing)

Nachdem viele Briefe nicht im Gedächtnis des Empfängers ankommen, sollte man sich überlegen, noch einen Schritt weiter zu gehen, und einfach nur anrufen. Denn: Eine vorgeschaltete Aussendung kann gut sein, muss es aber nicht. Vielmehr dient sie oft als Begründung, um anrufen zu dürfen.

Das ist aber auch dann erlaubt, wenn Sie nichts verschickt haben. Wenn es wirklich interessant ist, können Sie die Begründung eines Treffens, nachdem sie telefonisch besprochen wurde, immer noch versenden. Dann erwartet sie der Empfänger wenigstens und damit steigt die Chance, dass er die Unterlagen dann auch liest; auf welchem Weg er sie auch erhalten mag.

Empfehlung für Freelancer und Small-Agencies

Für diese Gruppe, der größere Strukturen nicht zur Verfügung stehen, gibt es noch eine weitere Akquise-Möglichkeit: Sie können sich ganz direkt an ihre potenziellen Neukunden wenden. So fuhr etwa der Verantwortliche einer kleinen Agentur samt einer kleinen, feinen Referenzmappe in ein Industriegebiet mit vielen mittelständischen Unternehmen. Der Kollege fragte – natürlich unangemeldet – am Empfang nach dem Marketing-Leiter. Meist war der Ansprechpartner überhaupt nicht zu sprechen oder hatte nur sehr kurz Zeit. Doch erstaunlicherweise ist der Agentur-Chef nicht einmal unfreundlich behandelt worden. Nach eigenen Angaben konnte er oft gleich einen Folgetermin vereinbaren oder dies später telefonisch tun, sodass dieser Akquise-Weg in der Summe erfolgreich war.

4.9 Fokussierte, nutzenorientierte Akquise

Was bringt es einem Ansprechpartner, wenn er sich mit Ihnen unterhält? Was bekommt er, wenn er Ihnen eine Stunde seiner Zeit zur Verfügung stellt? Ihre Agenturpräsentation? Das ist leider zu wenig, wenn die Marketing-Verantwortlichen für Agenturen wenig Zeit haben und jede Agentur ihre Präsentation zeigen will. Der zuständige Mitarbeiter auf werbetreibender Seite erwartet konkreten Nutzen aus einem Gespräch – und den müssen Sie liefern.

Diese nutzenorientierte Akquise hat sich als ein überaus effektives Instrument erwiesen – sowohl in meiner Arbeit für Agenturen als auch in Gesprächen mit Marketing und Einkauf. Denn dieser Ansatz entschädigt den Ansprechpartner und differenziert die Agentur. Dabei soll unter nutzenorientierter Akquise ein Vorgehen verstanden werden, bei dem potenziellen Neukunden ein konkreter Benefit versprochen wird. Dies geschieht meist im Rahmen eines Telefonates, gegebenenfalls ergänzt durch einen ankündigenden Brief. Eingelöst wird dieser Benefit dann beim persönlichen Gespräch. Noch besser ist es natürlich, wenn Sie hier auch schon Ihre Argumentation mit Referenzen unterfüttern können.

Somit honoriert dieser nutzenorientierte Ansatz den – etwa einstündigen – Zeitaufwand des Entscheiders, indem dieser einen konkreten Benefit erhält. Außerdem können Sie sich auf diese Weise stark vom Wettbewerb abheben. Denn der kann und will meist nur seine tollen Agenturleistungen darstellen. Deshalb wird man sich an Sie viel länger erinnern.

Nutzenorientierung setzt ein neues Denken voraus. Es gilt: Eine Präsentation ist keine Einbahnstraße. Demnach hat eine reine Agenturdarstellung wenig Sinn. Ich erinnere mich gut an eine solche Veranstaltung, bei der der Agentur-Inhaber die eine Stunde nutzen wollte, um mal von sich zu erzählen. Das tat er dann auch ausgiebig. Das Ergebnis war natürlich, dass es keinen zweiten Termin gab. Im Gegensatz dazu verlangt die nutzenorientierte Akquise, dass Sie einen Dialog aufbauen. So erfahren Sie letztlich viel mehr von den Problemen, die dem möglichen Neukunden auf der Seele brennen.

Ein Beispiel: Ich habe für eine Direktmarketing-Agentur einige Unternehmen aus der Bad- und Sanitärbranche dahingehend untersucht, wie diese mit Fachzielgruppen wie Architekten umgehen. Unter der Lupe des Dialogmarketings betrachtet (ich unterscheide hier nicht zwischen Direkt-, Dialog- oder CRM-Marketing), war das Ergebnis katastrophal. Es wurden

Lieferscheine statt Personalisierungen verschickt und die Zielgruppe hat auch Unterlagen bekommen, die für sie überhaupt keine Relevanz hatten. Über den Ansatz, diese Studie bei einem Gespräch vorzustellen, gab es sehr viele Termine. Die Ansprechpartner haben nämlich gesehen, dass man aus der Studie viele Learnings ziehen konnte. Ein Termin hatte aber auch immer die Struktur, dass man kurz die Agentur und ihre Kompetenzen darstellte und dann die grundsätzlichen Ergebnisse der Studie gezeigt hat. Aus der einen Stunde, die wir vorher geplant hatten, ist sehr oft sehr viel mehr geworden. Dies lag vor allem daran, dass die anschließende Diskussion einen größeren Raum in Anspruch genommen hat, obwohl die Agenturpräsentation kürzer als sonst üblich war. Auch dies macht Sinn, weil man sich auf die wesentlichen Inhalte beschränkte.

Im Rahmen einer solchen Diskussion können Sie viel mehr über den potenziellen Neukunden und seine Probleme erfahren, als dies sonst der Fall ist. Das wirkt sich natürlich auf die weiteren Schritte aus, da Sie entweder ein Angebot viel passgenauer abgeben oder bei einem Folgetelefonat besser argumentieren können. Allerdings muss Ihnen klar sein, dass eine solche Studie mit einem gewissen Aufwand verbunden ist. Gegebenenfalls können Sie die Untersuchung aber auch für Ihre Öffentlichkeitsarbeit nutzen.

Grundsätzlich eignet sich das Oberthema „Wir haben mal verglichen" sehr gut für eine nutzenorientierte Argumentation. Ob Sie nun einen Vergleich wie oben beschrieben durchführen oder zum Beispiel nur das Packaging oder das Kundenmagazin gegenüberstellen, müssen Sie immer vor dem Hintergrund der Agentur beurteilen. Die letzten beiden Vorschläge haben den Vorteil, dass Sie den tatsächlichen Vergleich erst dann durchführen müssen, wenn Sie einen Termin vereinbart haben – das ist bei einem größeren Ansatz so nicht möglich.

Die nutzenorientierte Akquise bringt außerdem mit sich, dass Sie den Ansprechpartner nicht zu einem Termin überreden müssen – Sie überzeugen ihn ganz einfach. Wenn Ihnen das bei dem einen oder anderen Ansprechpartner nicht gelingt, erzwingen Sie es nicht. Wenn es nicht klappt, dann eben jetzt nicht. Das ist immer noch besser als ein aufgedrängter Termin, bei dem sich jeder als „Time Bandit“ fühlt.

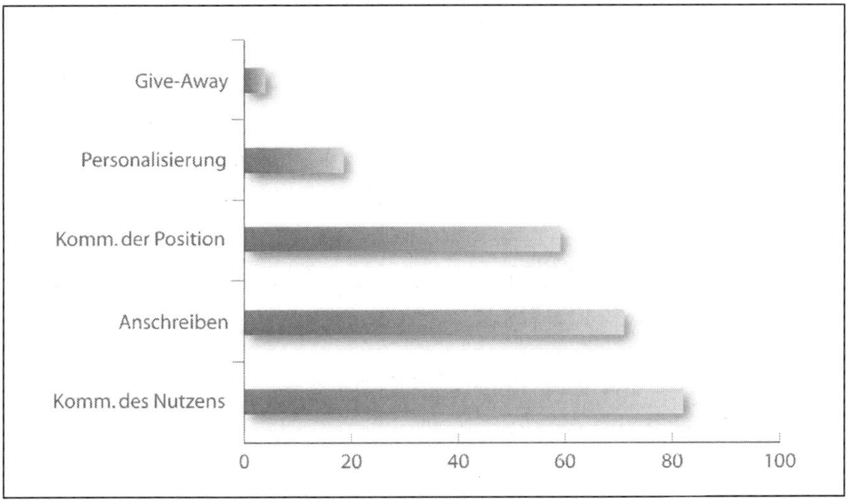

Abbildung 1: Antworten im Rahmen der Studie: „New Business: Was Kunden wirklich wollen!“ auf die Frage: „Welche Optimierungsfelder sehen Sie bei Mailings generell?“; Zielgruppe waren Entscheider auf werbetreibender Seite.

Soweit zum nutzenorientierten Aspekt der Akquise. Was versteht man nun unter „fokussierter Akquise“? Hinter diesem Begriff steckt die Tatsache, dass Sie mit der nutzenorientierten Akquise nicht einige hundert mögliche Neukunden ansprechen können, sondern höchstens etwa zwanzig Unternehmen. Bei einer größeren Anzahl an Unternehmen greift der Ansatz nicht mehr, denn der versprochene Nutzen ist für diese Personen nicht mehr beziehungsweise zu wenig relevant. Wie groß die Anzahl letztendlich ist, hängt beispielsweise von der Größe der Branche ab, die Sie mit der nutzenorientierten Akquise bearbeiten wollen.

Noch ein weiteres Beispiel, um den Ansatz zu verdeutlichen: Eine Werbeagentur verfügt über Erfahrungen in der Zielgruppe der jungen Erwachsenen und hat dort für verschiedene Unternehmen erfolgreich Projekte durchgeführt. Für welche Unternehmen und welche Branchen dies geschehen ist, ist hier nicht wichtig. Daneben kennt sich diese Agentur im Bereich der Finanzdienstleistungen aus und hat auch dort belegbare Projekte abgewickelt. Diese zwei Bereiche kann man nun zusammenführen, indem man sich zum Beispiel Banken oder Versicherungen daraufhin anschaut, wie sie die oben genannte Zielgruppe der jungen Erwachsenen gewinnen beziehungsweise binden. Dem Entscheider eines potenziellen Neukunden wird man nun vorschlagen können, diese Erkenntnisse in einem persönlichen Gespräch vorzustellen und dabei auch gleich über Optimierungsfelder zu sprechen. Idealerweise wird es in unterschiedlichen Unternehmen ähnliche Ergebnisse geben, sodass man eine entsprechende Präsentation einmalig als Master-Version erstellen kann und diese dann adaptiert. Da zwischen Telefonat und Treffen durchaus einige Wochen verstreichen können, muss eine Präsentation nicht vor Akquise-Beginn vorhanden sein, sondern kann auch erst erstellt werden, sobald ein Präsentationstermin feststeht.

An dieser Stelle sei nochmals darauf hingewiesen, dass gerade die großen Unternehmen, aber auch zunehmend der Mittelstand mit Agentur-Angeboten überhäuft werden. Dazu habe ich in einer Studie werbetreibende Unternehmen befragt, wie viele Anfragen sie durchschnittlich pro Woche von Agenturen erhalten (siehe Abbildung 2 auf der folgenden Seite).

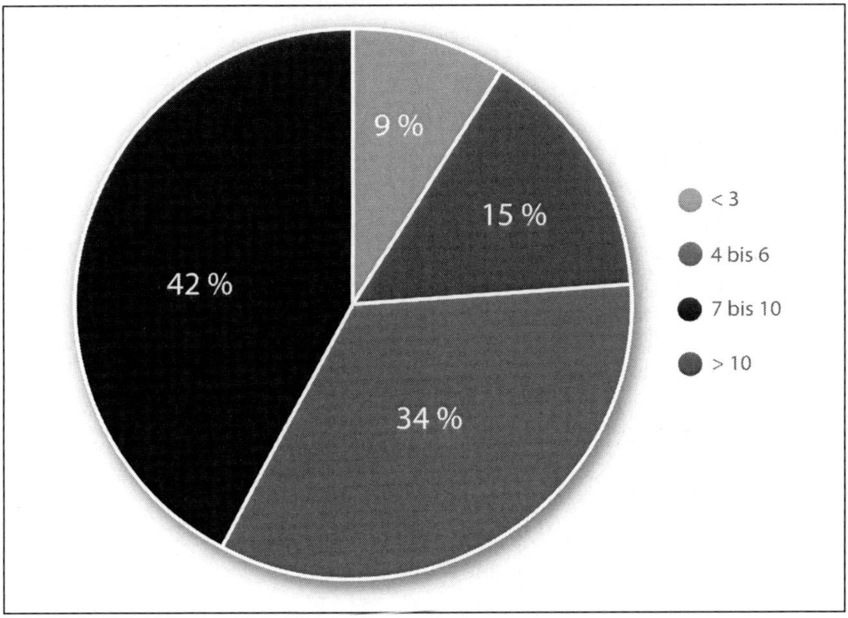

Abbildung 2: Antworten im Rahmen der Studie „New Business: Was Kunden wirklich wollen!“ auf die Frage: „Wie viele Anfragen erhalten Sie wöchentlich?“; Zielgruppe waren Entscheider auf werbetreibender Seite.

Die nutzenorientierte Akquise berücksichtigt auch, dass sich die Strukturen bei den werbetreibenden Unternehmen in den letzten Jahren stark verschlankt haben. Die Marketing-Mitarbeiter haben heute mehr zu tun als noch vor der Jahrtausendwende.

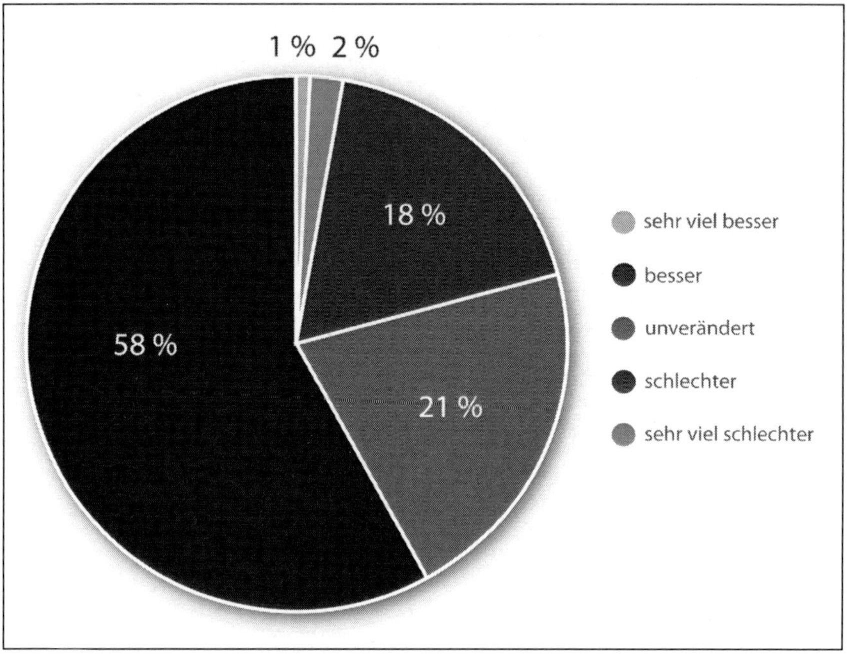

Abbildung 3: Antworten im Rahmen der Studie „Agenturen bewerten Kunden!" auf die Frage: „Wie hat sich in den letzten Jahren die Anzahl der Mitarbeiter auf Kundenseite verändert?"; Zielgruppe waren Entscheider auf werbetreibender Seite.

4.9.1 Telefonleitfaden

Status: Sie wissen, welche Unternehmen Sie wie ansprechen wollen.

Next step: Darstellung des Akquise-Ansatzes in einem Telefonleitfaden.

Wenn Sie sich die Inhalte Ihres nutzenorientierten, fokussierten Ansatzes bezüglich eines Clusters gleichartiger Unternehmen zurechtgelegt haben, sollten Sie sie schriftlich zusammenfassen, und zwar in Form eines Telefonleitfadens. So können Sie Ihren Ansatz nochmals auf Schlüssigkeit überprüfen und sich seine Aussagen intensiv einprägen. Das muss allerdings unbedingt vor dem ersten Telefonat passieren – Sie sollten diesen Leitfaden keinesfalls während Ihrer Anrufe verwenden. Deshalb habe ich den Telefonleitfaden auch nicht nach dem üblichen Muster aufgebaut, das da lautet: „Wenn Ihr Ansprechpartner die Frage mit „Nein“ beantwortet, müssen Sie dies entgegnen; wenn er mit „Ja“ antwortet, müssen Sie jenes sagen.“ Es ist nämlich viel einfacher: Sie müssen sich über den Grund klar werden, warum sich ein Ansprechpartner mit Ihnen unterhalten soll. Das ist bereits die halbe Miete. Der Rest hat sehr viel mit Fingerspitzengefühl zu tun und mit der Frage, wieviel Druck Sie ausüben sollen, um einen „guten“ Termin zu bekommen.

Bei Gesprächen mit Marketing-Entscheidern hat sich gezeigt, dass die anrufenden Agenturen oft zu wenig hartnäckig sind und zu schnell aufgeben. In der Tat ist es schon fast ein Reflex, dass der Marketingverantwortliche erst einmal keinen Termin vereinbaren will. Wenn Sie aber hier nachbohren und gut argumentieren, so werden Sie sich doch noch unterhalten können. Aber vermitteln Sie nicht den Eindruck, dass Sie für gute Argumente erst im Telefonleitfaden nachsehen müssen.

Im Folgenden soll dieser grundsätzliche Teil des Leitfadens am oben genannten Beispiel dargestellt werden – zunächst mit einem allgemeinen Telefonleitfaden, der nur angepasst werden muss, dann mit einem speziellen und sehr individuellen Leitfaden.

Telefonleitfaden allgemein

Intro Empfang/Sekretariat zur Eruierung des Ansprechpartners:
(Nur wenn der Ansprechpartner nicht bekannt ist!)

Frage: *Guten Tag, mein Name ist Heiko Burrack. Ich rufe von der Agentur XY an. Ich würde gerne wissen, wer denn bei Ihnen der Marketingleiter beziehungsweise der Verantwortliche für das Thema PR ist? (hängt vom speziellen Telefonleitfaden und den Adressen ab)*

Antwort: *Das ist der Herr/Frau XY.*

Intro Sekretariat zum Gespräch mit Ansprechpartner:

Ich hätte gerne Herrn/Frau XY gesprochen.

Einwände:

Hat im Moment keine Zeit!

Das macht nichts. Ich probiere es einfach später noch einmal. Wann ist es denn wohl am besten?

Können wir Sie zurückrufen, Herr Burrack?

Sehr nett von Ihnen, aber da ich auch sehr oft telefoniere, versuche ich es später einfach noch einmal. (In bestimmten Fällen hat sich das Hinterlassen der Handy-Nummer bewährt.)

Ist im Urlaub, verreist usw.

Können Sie mir bitte sagen, wann er wieder erreichbar ist? Ich versuche es dann noch einmal.

(Die gleiche Argumentation gilt, wenn der Ansprechpartner aus anderen Gründen keine Zeit hat. Fragen Sie immer, wann es besser passt. Ist hierauf keine Antwort möglich, dann sollten Sie selbst einen Termin vorschlagen, den Sie sich bestätigen lassen.)

Ist im Moment nicht da, aber Sie können ihn über sein Handy erreichen!

Das ist sehr nett von Ihnen, aber so wichtig ist es nicht. (Dann wie oben weiter.)

Um was geht es denn?

Ich würde gerne mit ihm über das Thema Chancen für die Kommunikation und unsere ausgesprochene Tourismus-Kompetenz sprechen. Wir möchten ihm außerdem gerne einige spannende Impulse geben.

Er hat für so etwas überhaupt keine Zeit.

(Nach Schilderung des USPs und des Nutzens (siehe speziellen Telefonleitfaden) weiter mit:) Wenn er nicht zu erreichen ist, können Sie bitte einen Termin mit ihm abstimmen beziehungsweise sein Interesse eruieren? Ich melde mich dann in den nächsten Tagen nochmals bei Ihnen.

Telefonleitfaden speziell

Warum sollten wir uns mit Ihnen unterhalten? (grundsätzlich)

> *Weil wir als Agentur sehr viel Erfahrung im Bereich Jugendmarketing haben (soll hier für die Zielgruppe der Jugendlichen und jungen Erwachsenen gelten und wird bei Bedarf entsprechend differenziert dargestellt und reportet). Selbstverständlich können wir Ihnen dies anhand unterschiedlichster Referenzen belegen.*
> *Weil wir uns außerdem im gesamten Finance-Bereich, also Ihrer Branche, sehr gut auskennen und dort unterschiedlichste Erfahrungen haben. Selbstverständlich können wir Ihnen dies anhand unterschiedlichster Referenzen belegen.*

Warum sollten wir uns mit Ihnen unterhalten? (speziell)

> *Wir haben uns angesehen, welche Maßnahmen Sie im Bereich Jugendmarketing im Moment erarbeitet und umgesetzt haben. Aufgrund unserer Erfahrung möchten wir Ihnen dazu in einem persönlichen Gespräch ein Feedback geben und mit Ihnen Optimierungsmöglichkeiten diskutieren. Wir sind uns sicher, dass wir Ihnen damit wichtige Impulse geben können.*

Was haben Sie sich genau angeschaut?

> *Wir haben zum einen gesehen, wie Sie mit diesem Thema im Internet umgehen, und wir haben uns auch die entsprechenden Materialien heruntergeladen (wenn dies denn möglich war). Selbstverständlich werden wir uns, aber da sind wir gerade dabei, auch mit entsprechenden Unterlagen aus Ihrer Filiale versorgen.*

Können Sie uns dieses Feedback auch per Mail schicken?

Sie werden sicherlich verstehen, dass dies nicht möglich ist. Wir haben uns sehr genau angeschaut, was Sie machen, und daher können wir Ihnen diese Ergebnisse nicht zusenden, sondern möchten sie Ihnen gerne persönlich vorstellen.
Wir können Ihnen aber gerne im Vorfeld einige Unterlagen über die Agentur schicken. Dort finden Sie alle wichtigen Informationen und natürlich auch die Referenzen aus dem Finance-Bereich.

(Abhängig von den anzusprechenden Unternehmen auch nur Versicherungs-Bereich.)

Können Sie uns denn grundsätzlich sagen, was wir persönlich besprechen werden?

Wir haben einige Ansätze entwickelt, die Ihr Jugendmarketing einzigartiger machen sollen und die Sie näher an die Zielgruppe bringen.

Was sind die Schritte nach einem ersten Gespräch?

Das kann ich Ihnen leider noch nicht sagen. Denn wir würden zu einem ersten Gespräch zu Ihnen kommen, um Ihnen unserer Ergebnisse darzustellen. Da wir nicht das Auftragsbuch mitbringen, sondern nur die oben genannten Dinge vorstellen wollen, sind die weiteren Schritte jetzt nicht absehbar.

Was sind Ihre Referenzen im Jugendmarketing?

Das Unternehmen X plante, sein bestehendes Kundenbindungssystem auf die jungen Zielgruppen auszuweiten. Wir wurden mit der Konzeption und Gestaltung eines Clubs für Kinder und Jugendliche beauftragt.
Zur Aufgabenstellung zählte weiterhin die Schaffung eines eigenständigen Corporate Designs für das Kundenbindungssystem, die Gestaltung der einzelnen Programmelemente wie Clubkarte, Informationsflyer, Schlüsselbänder etc. sowie die technische Implementierung des Systems. Wir haben auch den gesamten Internationalisierungsprozess des Clubs übernommen und betreuen die jungen Mitglieder und deren Eltern durch ein Customer-Support-Team.
Der Kindersender veranstaltete im letzten Jahr den ersten Kinder-Award in Deutschland. Wir entwickelten eine dreistufige, crossmediale Marketing-Kampagne für den Event. Diese bestand aus Teaser-Kampagnen, Promotion-Aktionen, Plakaten sowie Print-Anzeigen. Wir übernahmen die gesamte Kampagnenumsetzung sowie die Koordination der Promotion-Aktionen.
Deutschlands größtes Magazin für Jugendliche tourte von Juni bis Juli bundesweit durch die besten Clubs. Wir übernahmen die Visualisierung und Konzeption des Tour-Konzeptes, der Vermarktung sowie der Tourkommunikation.

Was sind Ihre Referenzen im Finance-Bereich?

Für das Unternehmen XX haben wir einen Markenauftritt inklusive Name, Logo und Corporate Design, Umsetzung in Website und Broschüre entwickelt.

Für YY, eine der führenden Versicherungen in Europa, verantworteten wir die Konzeption und Umsetzung des Gesamtetats für die Marketing- und Vertriebskommunikation. Den Schwerpunkt bildete die strategische Neupositionierung des Unternehmens als B2B-Marke.
Für das Versicherungsunternehmen haben wir das Corporate Design entwickelt mit Key Visual, Umsetzung zum Beispiel in Broschüren und Werbung für die Unternehmens- und Vertriebskommunikation von einzelnen Projekten.

Gesprächsabschluss

Gesprächsabschluss mit Termin:
Vielen Dank, Herr YX! Wir sehen uns dann am Tag.Monat.Jahr um Stunden. Minuten. Wir bestätigen Ihnen diesen Termin nochmals per Mail. Können Sie mir dazu bitte Ihre Mailadresse durchgeben? Sie werden dann eine Nachricht von unserer Geschäftsführerin erhalten.

Gesprächsabschluss ohne Termin:
Dann lassen Sie uns doch in Kontakt bleiben, weil sich ja die Dinge sehr schnell ändern können. Vielen Dank und einen schönen Tag noch.

Gesprächsabschluss mit der Bitte nach weiteren Informationen:
Wir können Ihnen gerne eine kleine Teaser-Präsentation per Mail zusenden. Das wird in den nächsten Tagen passieren, und ich melde mich dann nochmals bei Ihnen, um die nächsten Schritte zu besprechen.

Bei der Diskussion eines solchen Telefonleitfadens kommt häufiger die Frage auf, ob das denn wirklich alle Inhalte sind, die man benötigt. Die Agentur würde doch sehr viel mehr ausmachen und die Mitarbeiter würde eine ganz bestimmte Chemie verbinden. Doch in einem solchen ersten Telefonat haben Sie einfach nicht die Zeit, um mehr Informationen zu transportieren. Es läuft wie beim Elevator-Pitch: In 30 Sekunden muss alles gesagt sein. Sie müssen diese Zeit nutzen, um eine Begründung für ein Gespräch zu liefern. Was die Agentur im Detail ausmacht und welche Leute dort arbeiten, kommt erst beim persönlichen Treffen zum Tragen. In der ersten Stufe sind nur die Informationen über die grundlegende Struktur wichtig.

Hier sollen noch einige weitere Beispiele folgen, die sich allesamt als erfolgreich erwiesen haben. Erfolgreich meint hier, dass zum einen Top-Unternehmen zur Zielgruppe gehörten und dass es zum anderen bei zehn anzusprechenden Unternehmen mindestens vier gute Termine gegeben hat.

Hier noch ein zweiter Telefonleitfaden:

Was zeichnet die Agentur aus? (1)
Heutzutage gibt es sehr viele Kontaktpunkte, die auch noch unterschiedlich ausgestaltet sind. Daraus ergeben sich neue Regeln für den Aufbau von starken Marken und deren emotionale Bindung an den Konsumenten.

Als Agentur schauen wir uns sehr genau an,
- welche Kontaktpunkte (Medien) für Konsumenten wichtige Markenerlebnisse darstellen,
- welche Kontaktpunkte für einen optimalen Mix zu wählen sind,
- welche Kommunikationswege das beste Kosten-Nutzen-Verhältnis bieten.

Wir sind daher weder eine Internet-Agentur noch eine klassische Werbeagentur. Vielmehr lassen wir uns davon leiten, welche Kommunikationsmaßnahmen für die jeweiligen Zielgruppen und die jeweilige Marke (Produkt) die beste Kombination darstellen.

Was zeichnet die Agentur aus? (2)
Wir sind auch der Meinung, dass es nicht mehr ausreichend ist, Konsumenten einfach anzusprechen. Vielmehr müssen sie aktiviert werden und Kreation muss dies erreichen. Bei allem, was wir tun, konzentrieren wir uns genau auf diese Aktivierung. Dies kann bei einer POS-Kampagne sein oder sich im Internet abspielen, wo ein Agieren aus unserer Sicht immer ein zentrales Element ist.

Sind Sie eine Agentur für integrierte Kommunikation?

> *Integrierte Kommunikation heißt ja, dass man das gesamte Spektrum des Möglichen abdeckt (360 °-Kommunikation). Dies ist aber in den meisten Fällen überhaupt nicht sinnvoll, da bestimmte Touchpoints nur eine sehr geringe Bedeutung haben (Internet für Milchprodukte usw.). Wir untersuchen die Touchpoints bezüglich ihrer Bedeutung für die Marke und entscheiden dann, welche für die Markenbindung zum Konsumenten wichtig sind.*

Was unterscheidet Sie von einer klassischen Werbeagentur?

> *Für eine klassische Werbeagentur stehen immer noch die Massenmedien im Fokus. Dies ist auch bei vielen Produkten und deren Zielgruppen richtig, gilt aber immer weniger.*

Was unterscheidet Sie von einer Kreativagentur?

> *Eine solche Agentur stellt Ihre kreativen Arbeiten in den Mittelpunkt. Für uns dagegen muss Kommunikation zwar unterhaltsam und eigenständig sein, aber immer einen konkreten Bezug zum Konsumenten haben.*

Was unterscheidet Sie von einer Agentur für virales Marketing?

> *Diese Agenturtypen sagen, dass es außer dem Netz überhaupt keine relevanten Kommunikationskanäle gibt. Dies halten wir aus den oben genannten Gründen für falsch.*

Warum sollten wir uns unterhalten?

(Dieser Ansatz kann nur von allgemeiner Natur sein, weil man natürlich noch die bestehenden Referenzen und die richtigen New-Business-Branchen vorher anschauen muss.)

> *Wir haben uns angesehen, wie Sie gerade mit Ihrer jungen Zielgruppe kommunizieren. Da wir sehr genau wissen, wie man sie am besten erreicht, möchten wir Ihnen gerne ein persönliches Feedback geben und Optimierungsmöglichkeiten besprechen.*
> *Dieses Feedback gilt nicht nur bezüglich der Erreichung der speziellen Zielgruppe, sondern bezieht sich auch darauf, wie man diese aktiviert.*

(Erreichung und Aktivierung können als Akquise-Ansätze getrennt laufen, müssen es aber nicht.)

Die folgenden Beispiele beziehen sich auf den Kern des Leitfadens, nämlich auf die Kommunikation des Nutzens, den ein Gespräch bringen soll.

- Wie sind die Räumlichkeiten der Banken, in denen die Kontoauszugsdrucker usw. untergebracht sind, gestaltet? Unterscheiden sich diese Räume in den verschiedenen Bankinstituten und wird darin eine Differenzierung und eine Kommunikation der Marke deutlich? Wird auf die Marke eingezahlt? Diese Fragen müssen wohl mindestens mit einem

„jein", meistens aber mit einem „nein" beantwortet werden. In einem persönlichen Gespräch möchten wir gerne einige Impulse geben, wie man auch in diesen Räumlichkeiten Ihre Marke eindeutig kommunztieren kann.
Ich habe dieses Projekt mit einer Agentur durchgeführt, die sich auf das Thema Kommunikation im Raum spezialisiert hat. Zielgruppen waren die großen internationalen Banken.

- Wir haben uns in Apotheken über ihre Produkte beraten lassen. (Es handelte sich zum Beispiel um Blutdruckmessegeräte.) Wir haben dabei Ergebnisse erhalten, die für Sie Verbesserungsmöglichkeiten enthalten. Wir möchten Ihnen in einem persönlichen Gespräch gerne zeigen, wie Sie diese umsetzen und nutzen können. Dieses Projekt habe ich mit einer Agentur durchgeführt, die sich mit personengestützten Maßnahmen beschäftigt und dort ihre Kernkompetenz hat. Im Vorfeld ist aufgefallen, dass das Apotheken-Personal sich zwar sehr gut mit den medizinisch-gesundheitlichen Aspekten – etwa von Blutdruckmessgeräten – auskennt. Aber sobald es um technische Belange geht, werden die Informationen dünner. Dies ist deswegen so schade, weil nur durch eine vollständige Information Produkte optimal verkauft und gerade durch die technische Seite Differenzierungen erreicht werden können. Deshalb ist es sinnvoll, hier über eine Lösung nachzudenken und sich darüber zu unterhalten. Da die Agentur dies auch über entsprechende Referenzen belegten konnte, ist dieses Projekt erfolgreich verlaufen.

- Wir haben uns Ihr Jugendmarketing angeschaut und zeigen Ihnen in einem persönlichen Gespräch, wie sie dieses optimieren können. Hier muss man wissen, dass die entsprechende Agentur eine ausgesprochene Kompetenz im Bereich Jugendmarketing hat und im Rahmen dieser Aktion Unternehmen aus dem Bereich Finanzdienstleistung kontaktiert wurden. Diese, gerade auch Banken, wollen natürlich mit den Kunden sehr früh ins Gespräch und noch lieber ins Geschäft kommen. Daher ist diese Zielgruppe für diese Unternehmen eigentlich immer interessant. Allerdings musste die Agentur darauf achten, dass für sie erst im Zuge der Vorbereitung auf einen fix vereinbarten Termin ein Arbeitsaufwand entsteht. Wir haben daher argumentiert, uns den Netzauftritt und einige Broschüren angesehen zu haben. Informationen kann man aber natürlich nur persönlich darstellen.

Spätestens an dieser Stelle fragen Sie sich vielleicht: Kann das werbetreibende Unternehmen den gelieferten Nutzen nicht auch von einem anderen Dienstleister umsetzen lassen? Oder wird nicht oft die hauseigene Agentur auf die besprochenen Probleme und angedachten Lösungen angesetzt? Die Antwort auf diese Fragen kann nur ein eindeutiges „ja" sein. Natürlich besteht diese Gefahr und Sie könnten leer ausgehen. Sie können zwar ein Copyright in Ihre Präsentation einbauen – es wird sich aber nicht durchsetzen lassen.

Sie müssen sich aber diesem Risiko aussetzen, um überhaupt eine Chance zu haben. Vermindern Sie diese Gefahr, indem Sie bei der Präsentation klar machen, dass Sie der richtige Partner für dieses spezielle Problem sind. Und spezialisierte Dienstleister findet das werbetreibende Unternehmen nun mal nicht an jeder Ecke.

Sag mal, was mach' ich denn, wenn ich an manchen Tagen überhaupt keine Lust habe, wildfremde Menschen anzurufen?

Dann sollten Sie es sein lassen. Erstaunlicherweise merkt es der Ansprechpartner, wenn Sie schlecht drauf sind oder die Rahmenbedingungen nicht stimmen. Sind Sie verspannt, wirken Sie auch verspannt. Sich in einer solchen Situation ans Telefon zu zwingen, ist kontraproduktiv. Nehmen Sie sich dann einfach ein wenig Zeit. Verwenden Sie aber schlechte Tage nicht als Ausrede, um auch in den nächsten Wochen nicht mehr zu telefonieren.

Sag mal, was mach' ich denn, wenn ich an manchen Tagen überhaupt keine Lust habe, wildfremde Menschen anzurufen? (Fortsetzung)

Eine solche Pause sollte nur ein oder zwei Tage dauern.

Noch ein Tipp: Gehen Sie mit einer positiven Einstellung an Akquise-Telefonate. Denn wenn Sie davon überzeugt sind, dass ein Telefonat ohnehin nicht zu einem Treffen führen wird, wird sich das meist bewahrheiten. Das heißt aber nicht, dass jedes mit einer optimistischen Grundhaltung geführte Gespräch zu einem Termin wird.

4.9.2 Einwände

Natürlich sollten Sie auf Einwände eingehen und diese umkehren. Es kann jedoch nicht Ihr Ziel sein, einen Einwand um jeden Preis aus der Welt zu räumen. Denn dann machen Sie einen Termin nur um des Termins Willen. Niemand kann ein Interesse daran haben, sich mit einem möglichen Neukunden zu unterhalten, nur um mit ihm einen Kaffee zu trinken. Wenn ein Ansprechpartner zum Beispiel glaubhaft darstellt, dass er vertraglich an einen Dienstleiser gebunden ist und mit dem auch gerne zusammenarbeitet, so ist ein persönliches Treffen verschenkte Zeit. Das gilt auch, wenn Kunde und Dienstleister freundschaftlich verbunden sind.

Gerade wenn Sie mit einem nutzenorientierten Ansatz argumentieren, müssen Sie sich sehr genau überlegen, welche Qualität ein Termin haben wird. Denn hier sind viel mehr mögliche Neukunden an einem Treffen interessiert, ohne dass eine wirkliche Abschlusschance besteht. Diese Personen wollen schlicht Wissen abschöpfen. Wenn Sie also bei einem bestimmten Ansprechpartner sicher sind, dass Sie keine Geschäfte machen werden, so ist ein Termin nicht sinnvoll. Vielmehr sollten Sie hier im Gespräch bleiben und erfragen, wann sich die Vertragssituation ändert, um sich dann zu treffen.

Allerdings gibt es hier ein Problem: Jene Ansprechpartner, die nur an Ihrem Know-how interessiert sind, werden das nicht zugeben. Wahrscheinlich werden Sie deshalb den Termin in der Hoffnung auf ein Geschäft wahrnehmen und dann sehr enttäuscht sein, nur Ihr Wissen weitergegeben zu haben. Erstaunlicherweise gibt es auch Ansprechpartner, die sich langweilen und denen ein Termin mit einer Agentur Abwechslung bringt. Diese Menschen nutzen dann die Agentur, um sich ihren Frust von der Seele zu reden. Hier ist die Enttäuschung noch größer, da Sie Ihre Zeit wirklich vertan haben. Ihr Ziel muss es also sein, nur die guten Termine herauszufiltern.

Ich erinnere mich an ein Gespräch mit einem leitenden Mitarbeiter eines großen amerikanischen Unternehmens. Er hat gleich zu Gesprächsbeginn erklärt, dass er kein Geld hätte und auch nicht bereit wäre, andere Ansprechpartner, die vielleicht auch interessiert sein könnten, zu nennen. Nichtsdestotrotz textete er uns längere Zeit zu und ließ sich zudem noch gut verköstigen.

Neben den sachlichen und fachlichen Gründen, keinen Termin wahrzunehmen, gibt es auch persönliche. In diese Kategorie fallen jene Ansprechpartner, die schon beim ersten Telefonat zeigen wollen, dass man nicht nur Dienstleister ist, sondern eigentlich auch Sklave. Dies kommt zwar häufiger bei Ansprechpartnern von mittelgroßen Unternehmen vor, aber auch bei größeren Unternehmen sind solche Zeitgenossen anzutreffen. Falls Sie sich also gar nicht erst vorstellen möchten, wie solche Menschen als Kunden sind – verzichten Sie auf den Termin.

Hier erinnere ich mich an den Marketing-Ansprechpartner einer großen norddeutschen Zeitungsgruppe. Er hat mir sofort erklärt, dass er die Akquise von möglichen Dienstleistern blöd fände und für solche Anrufe keinerlei Verständnis hätte. Viel mehr gibt es über dieses Telefonat nicht zu berichten, da es bald darauf endete.

4.9.3 Telefontricks

Es steht außer Frage, dass Sie hartnäckig sein müssen, um einen Termin zu erreichen. Von dieser angezeigten Beharrlichkeit sind aber jene Pseudo-Telefontricks zu unterscheiden, laut denen Sie beispielsweise erst Ihren Nachnamen und dann nochmals den kompletten Namen nennen sollen: „Mein Name ist Müller, Jonny Müller!" Dadurch soll sich der Name angeblich besser einprägen. Da es aber nicht um reines Verkaufen geht, sondern um Nutzenorientierung, halte ich solche Dinge für zweitrangig. Dennoch sollten Sie einige Grundregeln befolgen:

Hören Sie aktiv zu: Manchmal interessiert sich der Ansprechpartner nicht für das Thema X. Das gilt aber unter Umständen nicht für das Thema Y, das er vielleicht sogar nennt. Diesen Hinweis nehmen Sie aber nur dann wahr, wenn Sie aktiv zuhören.

Vermeiden Sie geschlossene Fragen: Dies sind solche, auf die man nur mit einem Ja oder Nein antworten kann. Der Vorteil von offenen Fragen (Wer? Was? Wieso? etc.) besteht darin, dass Sie mehr Inhalte bekommen, um das Gespräch weiterzuführen. Geschlossene Fragen können es sehr schnell beenden.

Seien Sie anschaulich und bildhaft: Sagen Sie, was Sie können und was man von einem Gespräch mit Ihnen erwarten kann. Sagen Sie aber auch, was die Agentur nicht kann und was man bei einem Gespräch nicht leisten können wird. Nichts ist schlimmer, als unterschiedliche Erwartungen an ein persönliches Treffen. Das Verwenden von Bildern macht Sachverhalte ebenfalls konkreter.

Fragen Sie: Wer fragt, führt. Mit Fragen können Sie das Gespräch lenken und weitere Informationen erhalten. Mit Fragen können Sie aber auch Zeit gewinnen, falls Sie noch einen Moment für den nächsten Schritt benötigen.

Empfehlung für Freelancer und Small-Agencies

Die Ausführungen für größere Agenturen gelten genauso für Freelancer und kleine Strukturen. Ein Design-Experte oder ein entsprechend spezialisiertes Büro kann einer Gruppe von vergleichbaren möglichen Neukunden eine Rückmeldung über das Verpackungsdesign oder das Logo anbieten. Im Rahmen des Telefonleitfadens müssen Sie nur Ihre entsprechenden Stärken herausarbeiten – etwa die Schnelligkeit und das geringere Kostenniveau. Und: Sprechen Sie vor allem Unternehmen aus der Region an. Wenn es schon für eine größere Agentur keinen Sinn hat, viele Stunden auf der Autobahn zu verbringen, um einen Kunden zu besuchen, so ist dies für Einzelkämpfer noch weniger sinnvoll.

4.10 Auftrags- und Akquisetrichter

Akquise braucht Zeit und Geduld – und Aufträge benötigen noch mehr Zeit und Geduld. Dabei können die ersten Termine einer Akquise-Aktion durchaus rasch stattfinden. Meist haben die Ansprechpartner auf werbetreibender Seite in einem Zeitraum von zwei bis vier Wochen ein Zeitfenster, um die Agentur zu sehen. Alles hängt davon ab, wie gut die Begründung für ein Treffen ist beziehungsweise wie hoch der Ansprechpartner seinen Nutzen einschätzt. Sprechen Sie mit einer Aktion circa zehn Entscheider an, so sollten Sie mindestens zwei oder drei gute Termine vereinbaren können. Kommen Sie auf eine geringere Zahl, so haben Sie die Aktion nicht gut durchdacht oder umgesetzt. Dabei ist ein „guter" Termin keiner, an dem Sie einen Kostenvoranschlag unterschrieben bekommen. Vielmehr muss die Person interessiert sein und man sollte eine Stunde Zeit für das Gespräch haben.

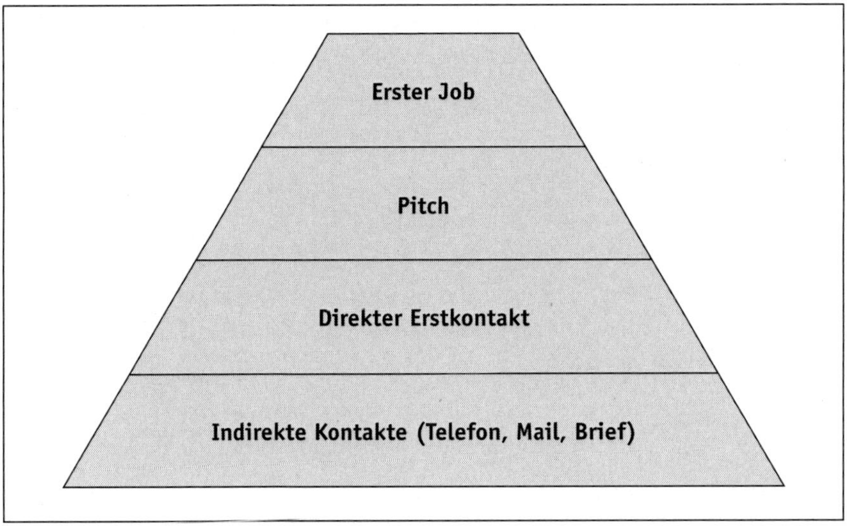

Abbildung 4: Der Akquise-Trichter: Jede Agentur muss für sich erkennen, wie viele indirekte Kontakte letztendlich zu einem Pitch bzw. zu einem ersten Job führen. Je weiter das Verhältnis auseinander liegt, desto mehr muss die Agentur im unteren Bereich tun.

Bis zu einem zweiten Gespräch, einem Pitch oder dem ersten Auftrag geht allerdings viel mehr Zeit ins Land. So rechnet etwa der Geschäftsführer einer Agentur, die auf Pharma-Kommunikation spezialisiert ist, mit mindestens zwei Jahren. „Vorher passiert eh nichts", so sein Kommentar. Nutzen Sie aber diesen Zeitraum, um einen kontinuierlichen Dialog aufzubauen und in Kontakt zu bleiben. Setzen Sie die üblichen Instrumente wie Mailings, Telefonate, Treffen usw. dafür ein, laufend mehr über den Ansprechpartner und das Unternehmen zu erfahren. Dann können Sie gegebenenfalls auch selber aktiv Projekte anbieten und sind zur Stelle, wenn gepitcht wird.

Wenn man davon ausgeht, dass zwei Jahre ein realistischer Zeitraum bis zu einem ersten Auftrag sind, so müssen Sie ständig neue Adressen generieren, Kontakte knüpfen, Präsentationen und Gespräche vereinbaren, um so die Pipeline zu füllen. Wichtig ist ebenso, dass Sie diese neuen Kontakte auch dann aufbauen, wenn augenblicklich genug Aufträge vorhanden sind. Denn diese Situation kann sich bekanntlich sehr schnell ändern.

4.11 Nach dem Telefonat

Halten Sie nach dem Telefongespräch die wesentlichen Ergebnisse und die nächsten Schritte inklusive Zeitplan fest. Hier einige zentrale Punkte:

Nächste Schritte und Timing:
Wenn der Ansprechpartner jetzt keine Zeit hat oder im Gespräch war: Wann können Sie ihn wieder anrufen?
Wenn es keinen akuten Bedarf gibt, weil das Unternehmen vertraglich gebunden ist: Wann wird sich das ändern und wann hat ein Anruf dann Sinn?

Lerneffekte:
Gab es neue Einwände, auf die Sie nicht vorbereitet waren? Wie könnte eine passende Antwort lauten?
Müssen die Argumentation oder einzelne Teile daraus verändert werden, weil sie nicht zielführend waren?

Ansprechpartner:
War der Ansprechpartner der richtige und welche Funktion hatte er genau?
Hat er Interessen geäußert?
Könnte ein anderer Ansprechpartner sinnvoller sein?
Gab es weitere wichtige Informationen über die Firma oder anstehende Veränderungen?

5.

Unterlagen schicken oder: Wer schreibt, der bleibt!

Status: Darstellung des Akquise-Ansatzes in einem Telefonleitfaden abgeschlossen.

Next step: Vorbereitung und Versenden einer Kurz-Credential.

Ob Sie nun mit oder ohne vorgeschalteter Aussendung arbeiten: Die meisten Ansprechpartner wollen Informationen haben, bevor sie einen Termin vereinbaren. Aber was sollen Sie ihnen schicken? Zunächst wollen die Menschen einfach nur die Sicherheit haben, dass Sie nicht die Bäckerei um die Ecke als größten oder vielleicht sogar einzigen Kunden haben. Es geht also darum, Sicherheit zu vermitteln und Größe zu zeigen. Wenn Sie bisher große Kunden betreut haben, so sollten Sie diese immer anführen – egal, ob Sie aktuell für sie tätig sind oder ob es einen Zusammenhang zu einem bestehenden Akquise-Projekt gibt. Neben den generellen Referenzkunden sind natürlich auch jene mit Branchenbezug wichtig. Denn Kunden sind bekanntlich ein wenig schwierig: Sie erwarten sich von der Agentur einerseits Erfahrungen in ihrem speziellen Segment – andererseits wollen sie nicht, dass Sie für einen Wettbewerber tätig sind.

Egal, was Sie schicken: Es sollte kurz und bündig sein. Kein Entscheider hat heutzutage die Zeit, sich dreißig Charts anzusehen. Sie müssen mit zehn Power-Point-Seiten zeigen können, was Sie können und wollen. Und das klappt – auch bei komplexen Produkten und Dienstleistern. Neben der schon beschriebenen Größe, die es aufzuzeigen gilt, müssen Sie klar machen, was Sie in einem persönlichen Gespräch vermitteln wollen. Hier ist Diplomatie gefragt: Sie sollen zwar genug von sich preisgeben, damit der Ansprechpartner Appetit auf „mehr" bekommt, aber nicht zu viel von sich erzählen.

„Und dann meinen die immer, möglichst ganz viele Fachwörter einbauen zu müssen. Wahrscheinlich will man mir damit imponieren!", so der Marketing-Verantwortliche eines Mittelständlers. Daraus folgt: Schreiben Sie gerade in Präsentationen und Anschreiben klar und einfach. Vermeiden Sie lange Sätze und kommen Sie zum Punkt. Niemand will sich durch lange Sätze wühlen, die man mehrmals lesen muss, um sie zu verstehen. In diesem Zusammenhang sei auf die Bücher von Wolf Schneider hingewiesen. Er geht beim Thema Kürze und Verständlichkeit so weit, dass er Wörter mit nur zwei oder drei Silben bevorzugt.

Wie schon beim Akquise-Telefonat, so sind auch bei den schriftlichen Unterlagen aussagekräftige Referenzbeispiele unverzichtbar. Neben großen Kunden, die erst einmal nichts mit der Branche des zu akquirierenden Unternehmens zu tun haben müssen, sind auch Referenzen aus der Kundenbranche wichtig. Dabei beschränken sich die Agenturen oft darauf, die Ergebnisse der Arbeit darzustellen. Doch das genügt heute nicht mehr – jede Agentur kann eine Anzeige oder Broschüre umsetzen. Daher müssen Sie auch auf die jeweilige Aufgabenstellung eingehen. Noch besser ist es, wenn Sie die präsentierte Anzeige in ein größeres Paket verpacken, wie zum Beispiel die übergeordnete Vertriebs-Initiative. Auf einem Markt, der von Schlagworten geprägt ist, reicht es nicht mehr aus, die erzielte Wertschöpfung über die Konzeption und Umsetzung einer Anzeige darzustellen. Wer dies tut, wird nach Pfund-Preisen bezahlt werden und den gleichen Eingang nehmen wie der Schraubenlieferant. Wann immer dies möglich sollte man quantitative Ergebnisse darstellen.

5.1 Nochmals anrufen

Status: Kurz-Credential verschickt.

Next step: Nochmals anrufen und Termin fixieren.

„Dann schicken Sie uns doch ein paar Unterlagen zu und wir melden uns dann bei Ihnen, wenn die Dinge für uns interessant sind!" So lautet die Standardaussage, wenn man sich darauf geeinigt hat, die oben beschriebenen Unterlagen zu senden. Logisch machen die das! Die rufen bestimmt an! Aber natürlich meldet sich nur ein verschwindend kleiner Teil der Ansprechpartner. Ihnen als Agentur-Verantwortlicher wird nichts anderes übrig bleiben, als selber noch einmal anzurufen. Das können Sie auch gleich ankündigen. Argumentieren Sie dabei wie folgt: „Ja natürlich rufen Sie an! Aber wenn wir gar nichts von Ihnen hören, werde ich mich (nicht „würde ich") nochmals bei Ihnen melden. Man weiß ja schließlich nie, ob die Unterlagen auch angekommen sind." Und das ist in der Tat keine triviale Aussage. Denn viele Unterlagen kommen nicht beim ersten Versuch an. Dies mag auch an der internen Post liegen. Doch selbst wenn die Unterlagen auf dem Schreibtisch des Ansprechpartners gelandet sind, sollten Sie sich erkundigen, ob sie durchgesehen wurden; schließlich haben Sie Zeit und Geld in sie investiert. Also lauter berechtigte Gründe, um nochmals nachzufragen.

Gut zu wissen

Keinen Termin zu vereinbaren, obwohl dies möglich wäre, kann die folgenden Gründe haben:

- Das Unternehmen ist mittel- oder langfristig vertraglich gebunden. Wenn Sie mit so jemandem eine Partnerschaft eingehen, werden Sie als alternativer Dienstleister kaum ins Geschäft kommen. Eine Abwandlung besteht darin, dass zwar keine schriftlich fixierten Verträge bestehen, das Unternehmen aber schon seit zehn Jahren mit seinem jetzigen Dienstleister zusammenarbeitet.

Gut zu wissen (Fortsetzung)

(Etwa, weil sich die Geschäftsführer auch privat gut kennen.)

- „Ich habe aber nur eine halbe Stunde Zeit!" Wenn jemand nur so wenig Zeit aufbringen kann, so ist ein Treffen nutzlos. Schließlich investieren Sie Zeit und Geld in das Gespräch.
- Der Ansprechpartner macht aus unterschiedlichen Gründen einen unsympathischen Eindruck (siehe dazu oben).
- „Dann stimmen Sie doch einen Termin mit meiner Mitarbeiterin ab!" Sie brauchen keinen Termin bei Fritzchen, wenn Sie Fritz sprechen müssen, denn letzterer entscheidet. Ihre Zeit ist zu kostbar, um mit einem Assistenten zu sprechen, der wahrscheinlich gar nicht entscheiden, geschweige denn über ein Budget verfügen kann. Gerade dann, wenn Sie etwas mitbringen, müssen Sie auf den richtigen Ansprechpartner achten und sollten nur mit diesem reden.

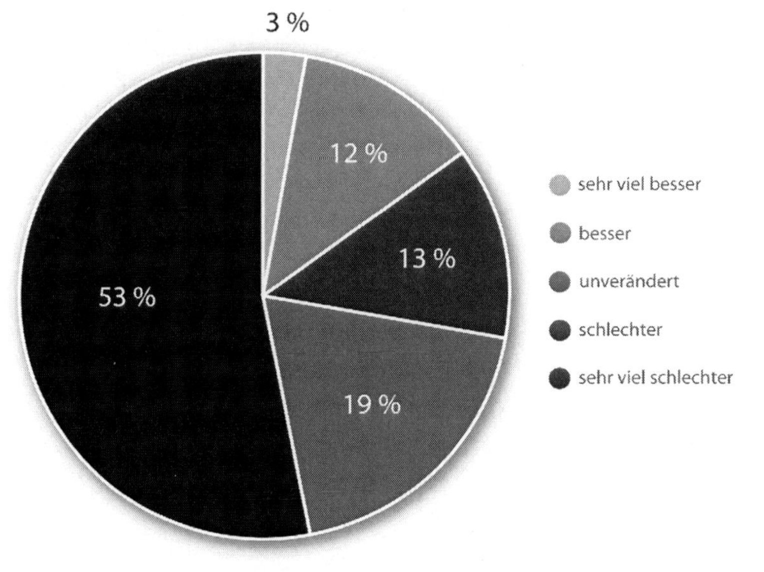

Abbildung 5: Antworten im Rahmen der Studie „Agenturen bewerten Kunden!" auf die Frage „Leistungen müssen bezahlt werden. Wie hat sich die Bereitschaft verändert, Leistungen entsprechend zu honorieren?"

Sag mal, was hältst du eigentlich von stark vertriebsorientierten Ansätzen?

Immer wieder erscheinen Bücher, die eine Terminvereinbarung schon beim ersten Telefonat mit dem Ansprechpartner versprechen oder das sofortige Neukundengeschäft dank Methode XY. Es gibt auch Menschen, die auf reiner Erfolgsbasis arbeiten und so Termine vereinbaren beziehungsweise Geschäfte vermitteln.

Ich halte ein solches Vorgehen für höchst fragwürdig. Natürlich zählt letztendlich der Erfolg und der muss sich auch monetär bemessen lassen. Aber um dahin zu kommen, reicht es in der heutigen Marktsituation nicht mehr aus, einfach nur zu verkaufen. Vielmehr müssen Sie neben dem Vertrieb auch die Positionierung Ihrer Agentur und Ihre strategischen Ziele berücksichtigen. Nur so können Sie mittel- und langfristige Erfolge erreichen. Wenn es Ihr Geschäftsmodell irgendwie erlaubt, sollten Sie eine Stammkundschaft aufbauen. Denn es ist mehr als ineffektiv, immer neue Kunden zu akquirieren und mit diesen nur einige wenige Geschäfte zu machen.

Die in den Büchern angeführten Ratschläge tendieren aber zum reinen Verkaufen – ohne das „Danach“ zu berücksichtigen. Doch Verkaufen wird nur dann langfristig erfolgreich sein, wenn es strategisch betrieben und aufgesetzt ist. Die Mischung aus operativem Verkauf und strategischer Positionierung ist die richtige. Ein rolexgetriebener Verkäufer zu sein, der nur bis zum nächsten Abschluss denkt, ist kein empfehlenswerter Weg.

Neukundengeschäft ist keine Sprintveranstaltung

Viele Beziehungen zu möglichen Neukunden scheitern daran, dass man sie zwar einige Male anruft, aber dann den Kontakt einschlafen lässt. Dabei sagen die Ansprechpartner oft selbst, wann ein nächster Anruf sinnvoll ist. Sie können dies zum Beispiel dann abschätzen, wenn das Unternehmen bisher vertraglich gebunden ist und zu einem bestimmten Zeitpunkt diese Bindung neu definiert werden muss. Auch andere, meist kurzfristigere Zeitpunkte können genannt werden. Dies ist etwa dann der Fall, wenn ein Unternehmen gerade an einer Messe teilnimmt und deshalb keine Zeit für Gespräche hat.

Wichtig ist hier, dass Sie „dranbleiben". Dazu brauchen Sie ein System, das Sie an den nächsten Anruf erinnert – etwa in Form einer Excel-Datei. Diese erfüllt aber nur dann ihren Zweck, wenn sie alle Wiedervorlagen enthält, auch alle neu hinzukommenden. Aber: Selbst ein noch so ausgeklügeltes System hilft nichts, wenn Sie nur nach Ausreden suchen, warum Sie nicht nochmals bei einem Ansprechpartner angerufen haben.

Welche Lösung Sie auch immer wählen: Sie muss gewährleisten, dass Sie kontinuierlich an der Akquise arbeiten. Gerade wenn das Neukundengeschäft nur von einer Person ausgefüllt wird und diese auch noch andere Arbeiten erledigen muss, bleibt die Akquise oft liegen und das Geschäft leidet mittelfristig.

Sag mal, sollen die Unterlagen eigentlich besser per Post oder elektronisch verschickt werden?

Ich wähle zunächst meist den elektronischen Weg. Denn es geht schneller und ist billiger. Der Empfänger hat die Informationen gleich auf dem Bildschirm und muss sie erst dann ausdrucken, wenn sie wirklich interessant für ihn sind. Die Entscheidung über die Versandart hängt aber davon ab, was Sie tatsächlich verschicken wollen und wie es der Empfänger erhalten möchte. Wenn dieser die Unterlagen per Briefpost wünscht, werden Sie keine andere Wahl haben. Meist wird aber die elektronische Version bevorzugt.

Wenn allerdings keine standardisierte Kurzpräsentation verschickt werden soll, so sollten Sie der Post vertrauen.

5.2 Termin schriftlich bestätigen

Status: Termin ist fixiert.

Next step: Termin sollte beidseitig bestätigt werden.

Wenn Sie den Termin vereinbart haben, sollten Sie ihn unbedingt per Mail bestätigen. Vermerken Sie darin auch, wer alles von Ihrer Seite teilnehmen wird, und bitten Sie Ihren Ansprechpartner um die gleichen Informationen. Neben dem Namen sollten Sie auch die Funktion der Gesprächsteilnehmer wissen. Dass man sich via Internet über die Historie der einzelnen Personen erkundigt, versteht sich von selbst. Gerade bei einem größeren Unternehmen, das vielleicht in einer Stadt mehrere Standorte hat, sollten Sie auch Ihren Treffpunkt genau kennen.

Sag mal, was kann ich tun, wenn ich eine sehr kleine Agentur habe oder ganz alleine bin? Viele potenzielle Kunden schließen von meiner fehlenden Größe auf Unzuverlässigkeit. Deshalb ist es schwer, Vertrauen aufzubauen.

Fest steht, dass größere Agenturen einfach das Gefühl vermitteln, auch umfangreiche Jobs mit Erfolg beenden zu können, obwohl dies bekanntermaßen nicht unbedingt etwas mit Größe, sondern mit der Einstellung zu tun hat. Nach meiner Meinung müssen sich kleine Einheiten zunächst ihrer Stärken mehr bewusst werden. Sie sind in der Regel schneller und engagierter und kennen sich in speziellen Bereichen der Kommunikation viel besser aus. Doch von einer Zwei-Personen-Agentur zu sagen, sie könne alles, ist nicht zielführend. Die Agentur sollte sich unbedingt spezialisieren. Sie sollte dann im zweiten Schritt ihren Außenauftritt so gestalten, dass er Sicherheit und Seriosität ausstrahlt. So kann man als Spezialist den Vertrauensvorsprung der großen Agenturen vielleicht nicht ganz ausgleichen, aber man verbessert seine Chancen ungemein.

5.3 Termin steht ins Haus

Rufen Sie einige Tage vor dem Treffen noch mal beim Ansprechpartner an und lassen Sie sich den Termin bestätigen. Sie haben ihm zwar sicher eine Mail zur Bestätigung geschickt, aber wahrscheinlich keine Antwort erhalten. Sie müssen nun nochmals anrufen, und zwar am besten circa drei Tage vor dem Termin. Wenn Sie den Ansprechpartner nicht erreichen, so erkundigen Sie sich, ob Ihr Treffen in seinem Kalender steht. Wenn Sie ihn ans Telefon bekommen, können Sie auch nochmals seine Situation eruieren und die Agenda abstimmen. Wenn sich hier zeigen sollte, dass Sie und Ihr Ansprechpartner zu weit auseinander liegen, so sollten Sie den Termin besser absagen. Unterschiedliche Erwartungen können dann vorkommen, wenn zwischen Terminvereinbarung und eigentlichem Treffen einige Wochen liegen. Eine entsprechende Klärung kann auch dann sinnvoll sein, wenn Sie den Termin nicht selbst vereinbart haben und nun zum ersten Mal mit dem Ansprechpartner reden.

Viele Entscheider drücken sich vor einem solchen Telefonat. Sie befürchten, dass der Termin dann vielleicht nicht zustande kommt. Wenn dem so sein sollte, haben Sie im Zweifelsfall Zeit und Geld gespart. Nichts ist schlimmer, als wenn Sie einige Stunden im Auto verbracht haben, nur um dann festzustellen, dass alles umsonst war. Termine nicht einige Tage vor dem Meeting zu bestätigen, ist einfach fahrlässig. Schließlich weiß man nie, ob der Ansprechpartner nicht kurzfristig erkrankt ist. Und nicht alle Unternehmen sind so gut organisiert, dass sie dann die geplanten Termine absagen.

Ein Kunde hat mir berichtet, dass ein Termin erst gar nicht zustande gekommen sei, weil er 15 Minuten zu spät gekommen war. „Mit so unzuverlässigen Partnern arbeiten wir nicht zusammen und unterhalten uns auch nicht!“, so der Produktmanager eines großen Konsumgüter-Unternehmens aus Frankfurt. Auch wenn diese Reaktion übertrieben war – ein klein wenig kann man sie verstehen. Was bei dem einen Ansprechpartner ein K.o.-Kriterium ist, ist für den anderen kein Problem. Aber mit wem man es zu tun hat, weiß man ja vorher nicht.

Gut zu wissen

Bei der Telefonakquise bietet es sich an, mit entsprechenden Dienstleistern zusammenzuarbeiten. Denn dieses Thema bedarf meist langer Lernkurven und auch einer persönlichen Affinität. Gerade das „telefonieren Mögen" und nochmals Anrufen ist nicht jedermanns Sache. Wenn Sie deshalb mit einen Dienstleister zusammenarbeiten, sollten Sie die folgenden Fragen klären:

- Hat das Unternehmen eine Nähe und Erfahrung zu Ihrem Markt? Nur dann kennt der Anbieter Ihre Branche und deren Eigenheiten. Setzen Sie nicht auf „Wir arbeiten uns schon ein und haben dies auch schon in anderen Branchen geschafft!" Mit Entsetzen haben sowohl Einkäufer als auch Marketingverantwortliche davon berichtet, dass sie von Call-Center-Mitarbeitern angerufen wurden, die schon bei der ersten Frage nach Referenzen oder fachspezifischen Inhalten keine Ahnung mehr hatten. Einen Entscheider, der so kontaktiert wurde, müssen Sie die nächste Zeit überhaupt nicht mehr anrufen.
- Ist der Dienstleister bereit, in bestimmten Bereichen mit ins Risiko zu gehen? Wenn er zu 100 Prozent auf einer Fixkosten-Basis arbeitet, so ist er dies offensichtlich nicht. Hier müssen Sie sich erkundigen, worin dies begründet ist. Arbeitet er nur auf Provisionsebene, so ist dies auch keine wirklich gute Lösung, da er dann zu 100 Prozent das Risiko trägt. Hier besteht die Gefahr, dass er auch Termine ohne ausreichende Qualität vereinbart. Der Anbieter sollte dort bereit sein, mit ins Risiko zu gehen, wo er dieses beeinflussen kann. Dies kann so aussehen, dass Sie sich auf bestimmte Fixkosten einigen, aber einen Bonus bei einem entsprechend guten Termin zahlen.
- Betrachtet sich der Anbieter als reiner Verkäufer oder berät er auch strategisch? Wenn er sich als Verkäufer sieht, so müssen Sie ihm die strategischen Bereiche vorgeben. Er wird sie aber nicht ausreichend bewerten und zum Abschluss führen können. Arbeiten Sie besser mit Dienstleistern zusammen, die alles aus einer Hand anbieten und Ihnen somit auch die strategischen Arbeiten abnehmen oder zumindest beurteilen können. Ein solcher Anbieter sagt Ihnen auch mal, dass ein Ansatz nicht gut ist – und davon können Sie nur profitieren.

Gut zu wissen (Fortsetzung)

- Haben jene Mitarbeiter, die die Telefonate führen, auch den strategischen Ansatz entwickelt? Nur in diesem Fall können Sie sicher sein, dass die strategisch entwickelten Bereiche auch optimal umgesetzt werden. Diese Variante mag etwas teurer sein, aber sie maximiert Ihre Erfolgschancen.

6.

Jetzt zeigen wir es Ihnen oder: Die entscheidende Präsentation

Status: Termin beidseitig bestätigt.

Next step: Credential vorbereiten.

6.1 Größe zeigen und Erfahrungen darstellen

Was erwarten die Kunden von einer Agentur? Sie sollte die Erfahrung und die Ressourcen haben, das geplante Projekt zum gewünschten Ergebnis zu bringen. Damit sind auch schon die zwei wichtigsten Punkte einer guten Präsentation beschrieben. Und hier zeigt sich auch, warum man international aufgestellten Werbeagenturen (Networks) große Aufgaben zutraut: Sie erfüllen beide Bedingungen. Deshalb entscheidet sich der Kunde im Zweifelsfall für sie. Agenturen hingegen, die mit ihren schlanken Strukturen argumentieren, scheitern an der fehlenden Größe. Oder wie ein Marketingdirektor es formulierte: „Ich zahle gerne den Wasserkopf mit, wenn der mir die Sicherheit gibt, dass der verdammte Job gemacht wird!"

Während die Größe sowohl über die Mitarbeiterzahl als auch über die Betreuungszeit der Kunden vermittelt werden kann, müssen die Erfahrungen mittels abgeschlossener Projekte veranschaulicht werden. So zeigt etwa eine internationale Network-Agentur auf einer der ersten Präsentations-Folien die Geschichte ihrer Kundenbeziehungen. Sie beginnt mit einem Kunden, den die Agentur seit knapp 80 Jahren betreut und endet mit einem Auftraggeber, für den man seit zehn Jahren tätig ist. Solche Informationen wirken beeindruckend und schaffen Vertrauen. Deshalb sollten auch kleine Dienstleister diesen Ansatz verwenden, natürlich heruntergebrochen auf ihren Maßstab.

Eine derartige Darstellung von grundlegenden Informationen sollte immer den Ausgangspunkt bilden – auch dann, wenn Sie die Infos vorher als Kurzcredential verschicken. Diese Charts können auch eine so genannte Mantelfunktion haben: Sie können sie für jede Präsentation fast unverändert verwenden. Die darauf folgenden Projektbeispiele sollten Sie allerdings entsprechend auswählen.

Der folgende Kasten fasst zusammen, wie eine Präsentation keinesfalls aussehen sollte:

Gut zu wissen • Hier noch einige weitere Hinweise zum Thema:

- Halten Sie keine Präsentation, die nur in Schriftform zeigt, wer Sie sind und was Sie können. Bei einer solchen Bleiwüste schläft Ihnen der Gesprächspartner innerhalb kürzester Zeit ein und erinnert sich nurmehr an die erste (Begrüßungschart) und die letzte Folie (Kontaktdaten). Auch wenn Sie kein geborener „Vortänzer" sind: Verwenden Sie Bilder und erzählen Sie Geschichten (dazu unten mehr).
- Lockern Sie das übliche Schema aus den beiden Grundbausteinen Unternehmens-Eckdaten und Referenzen auf, etwa durch Filme oder Audiodateien.
- Fassen Sie sich kurz. Niemand braucht eine Präsentation, bei der Sie 45 Minuten vortragen und man sich dann nur noch 15 Minuten unterhalten kann. Aber leider sehen das viele Agentur-Chefs anders: „Wenn ich mich zum ersten Mal mit einem Kunden unterhalte und wir haben dazu eine Stunde, so möchte ich diese Stunden nutzen, um unser Unternehmen vorzustellen", so der Geschäftsführer einer inhabergeführten Agentur. Doch genau das sollten Sie nicht tun. Nutzen Sie die Stunde, um einen Dialog anzustoßen und mehr zu erfahren; nur darauf können Sie aufbauen. Denn was in Ihrer Präsentation steht, wissen Sie bereits (siehe dazu Abbildung unten). Außerdem hören die Leute erfahrungsgemäß auch nicht die gesamten 45 Minuten aufmerksam zu. Nach spätestens 20 Minuten geht die Kurve steil nach unten und Sie müssen bis dahin alle wichtigen Dinge untergebracht haben. Deswegen sollte die Formel lauten: eine Viertelstunde Vortrag, eine Dreiviertelstunde Diskussion.
- Zeigen Sie Referenzen ergebnisorientiert. Als Cases nur bunte Bilder zu bieten, reicht nicht mehr.

Gut zu wissen • Hier noch einige weitere Hinweise zum Thema: (Fortsetzung)

Wenn Sie Marktdaten oder vergleichbare Informationen präsentieren können und dürfen, so nutzen Sie diese. Denn sie veranschaulichen den Erfolg Ihrer bisherigen Arbeit. Eine solche Darstellung lässt sich im Online-Bereich sicherlich leichter bewerkstelligen als offline.

- Über den Dialog erfahren Sie auch, wo es Ihrem Ansprechpartner sonst noch fehlt, und können besprechen, wie es weitergeht. Trennen Sie sich nicht unverbindlich, sondern besprechen Sie möglichst genau die nächsten Schritte. Diese können sehr unterschiedlich sein und auch nur darin bestehen, die Präsentation nochmals zuzuschicken.
- Treten Sie nicht als eierlegende Wollmilchsau auf – weder bei der Präsentation und schon gar nicht im Gespräch (siehe oben).
- Beten Sie keine Fakten herunter, sondern erzählen Sie Geschichten (siehe dazu unten).

Sag mal, soll man eigentlich auch dann einen Termin vereinbaren, wenn laut Ansprechpartner kurzfristig keine Beauftragung möglich ist?

In Deutschland haben Sie eigentlich nur dann eine Möglichkeit der Zusammenarbeit, wenn Sie vorher mit Ihrem potenziellen Neukunden gesprochen haben. Hinzu kommt, dass Sie nur im persönlichen Gespräch wertvolle Insights erhalten. Andererseits lassen Sie damit viel Zeit und Geld auf der Straße. Ich würde Termine davon abhängig machen, wie weit und wie lange man zum Gesprächspartner reisen muss. Hält sich dies in einem engen Rahmen, so kann es durchaus Sinn haben, sich zu unterhalten, ohne dass man sofort an einen Job denken muss. Sind Sie aber einen ganzen Tag oder länger ohne konkrete Perspektive unterwegs, so sollten Sie lieber telefonisch oder schriftlich den Kontakt halten. Nur wenn sich hier wirkliche Optionen abzeichnen, sollten Sie einen Termin wahrnehmen.

Die Abbildung 6 ist ein Beispiel für ein Präsentations-Chart, das zu viele und unübersichtlich aufbereitete Informationen enthält. In Abbildung 7 und 9 werden die Informationen auf den Hauptpunkt reduziert und konzentriert.

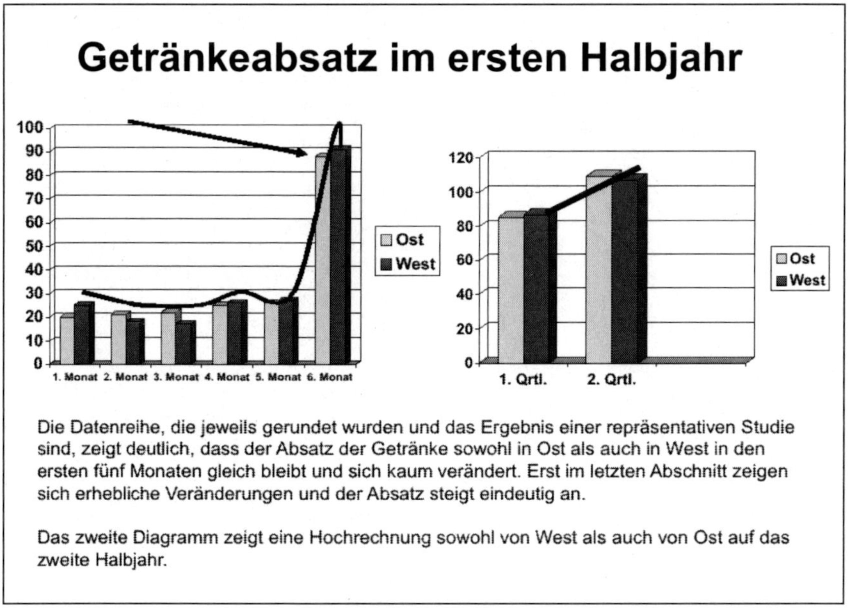

Abbildung 6: Ein Chart, wie es nicht sein sollte. Es werden viel zu viele Informationen aufgeführt, die man sich bei einer solchen Präsentation nicht merken kann. Wenn diese als Hintergrund trotzdem notwendig sind, so kann man sie in einem Hand-out nach der Präsentation hinterlegen.

Abbildung 7: Das Chart mit dem gleichen Kerninhalt

Übergewicht

- Bei den 18- bis 19-jährigen Männern sind 20 Prozent übergewichtig, 8 Prozent sind adipostat.
- Bei den 20- bis 29-Jährigen sind 40 Prozent übergewichtig, 8 Prozent adipostat.
- Bei den 30- bis 39-Jährigen sind mehr als 60 Prozent übergewichtig, 15 Prozent adipostat.
- Bei den 40- bis 49-Jährigen sind mehr als 70 Prozent übergewichtig, mehr als 20 Prozent adipostat.
- Bei den 50- bis 59-Jährigen sind knapp 80 Prozent übergewichtig und 25 Prozent adipostat.
- Bei den 60- bis 69-Jährigen sind mehr als 80 Prozent übergewichtig und knapp 30 Prozent adipostat.
- Bei den 70- bis 79-Jährigen sind knapp 80 Prozent übergewichtig und knapp 20 Prozent adipostat.

Abbildung 8: Ein Chart, wie es nicht sein sollte. Es gelten die gleichen Anmerkungen wie oben.

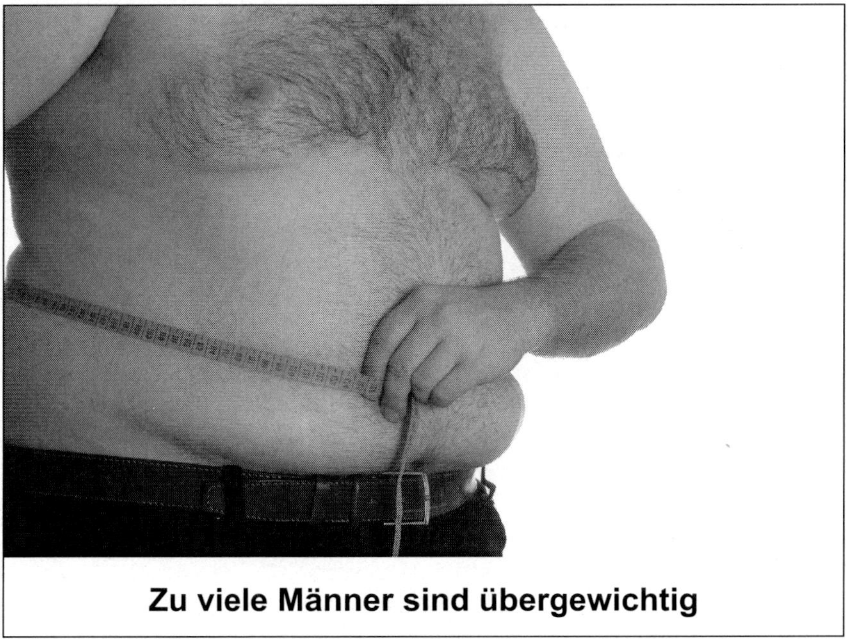

Abbildung 9: Das Chart mit dem gleichen Kerninhalt

Der folgende Ausschnitt aus einer meiner Präsentationen (sie enthält insgesamt 50 Folien) soll diese Überlegungen weiter verdeutlichen. Diese Präsentation stellte eine qualitative Studie vor, die die Unterschiede im Neukundengeschäft zwischen großen und kleineren Agenturen untersucht hat. Zielgruppe dieses Vortrages waren Geschäftsführer der Großagenturen, also der Networks und der großen inhabergeführten Agenturen. Die abgebildeten Charts auf den folgenden Seiten beschäftigen sich mit den Nachteilen der Großagenturen.

Ergebnisse

Optimierungsfelder von Großagenturen:

BURRACK NB-Advice

Kontakt: heiko.burrack@nb-advice.de

Zu langsam

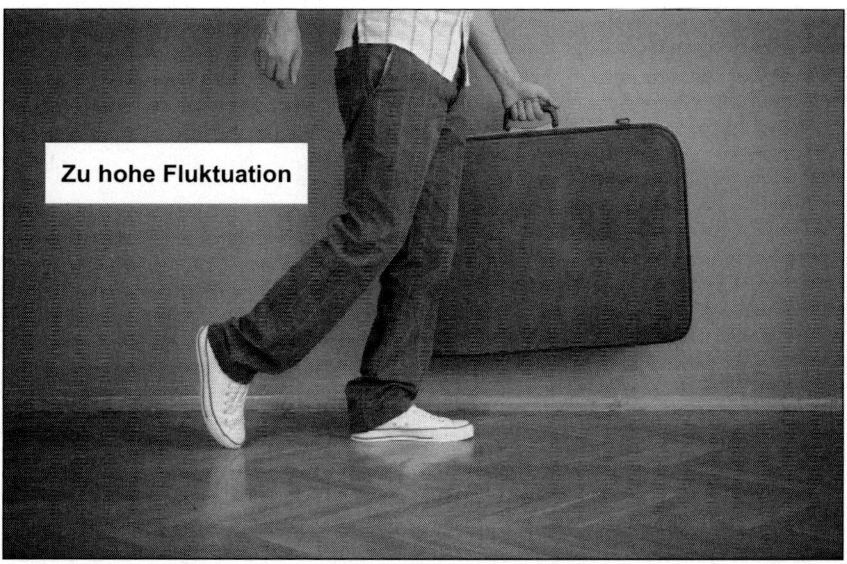
Zu hohe Fluktuation

Abbildung 10: Beispiele von Folien, die die Botschaft eindeutig und klar kommunizieren.

6.2 Nutzen Sie O-Töne

Der Geschäftsführer einer Agentur berichtete mir, dass sie einen Video-Jockey – also einen Musikvideoclip-Ansager bei einem kommerziellen Sender – einsetzen, um für eine Präsentation kurze Videos zu drehen und zu produzieren. In diesen Videos stellt man zufällig ausgewählten Personen Fragen, zum Beispiel nach der Marke eines möglichen Neukunden. Die Fragen und Antworten passen natürlich zur Präsentation dieser Agentur; wichtig ist außerdem, dass die Videos kurz geschnitten sind. Obwohl die ausgewählten Beiträge nicht repräsentativ sind – worauf auch ausdrücklich hingewiesen wird – ist ihre Wirkung erstaunlich. Denn sie vermitteln eine starke Nähe zum Kunden und eine hohe Validität. Immer wieder wurde Zustimmung vom potenziellen Neukunden während des Videos geäußert.

Sie können in der Tat mit den O-Tönen von Videos oder Audio-Spuren eine sehr hohe Aufmerksamkeit erreichen und sich damit gut vom Wettbewerb absetzen. Klar ist auch, dass Sie dafür einen gewissen Aufwand betreiben müssen, der natürlich in einem sinnvollen Verhältnis zum (möglichen) Ertrag stehen sollte.

6.3 Storytelling

Kennen Sie das: Sie sitzen in einer Präsentation und bekommen Zahlen über Zahlen um die Ohren geknallt. Immer schön in Diagrammform. Mal sind es Torten, ein andermal Balken. Und das, was Sie sehen, bekommen Sie eins zu eins auch noch vorgetragen. Da rasch Klick auf Klick folgt, haben Sie keine Chance, die einzelnen Diagramme und Tabellen genau anzusehen, geschweige denn im Detail zu verstehen. Sie können sich auch die Zahlen nicht merken. Und nach 30 oder 40 Minuten ist es soweit: Death by Powerpoint. Müssen denn die meisten Vorträge wirklich derart an uns vorbeirauschen?

Sicher haben diese Präsentationen ihre Ursache auch in der Struktur von Powerpoint – das Programm gibt eine sehr lineare Reihenfolge der Folien vor. Mit dem Vorschlag, viel mehr (fast sogar nur) mit Bildern zu arbeiten, können Sie diese Struktur schon zu einem guten Stück durchbrechen. Noch effektiver wird es, wenn Sie statt der nackten Fakten Ihre Inhalte in Geschichten kleiden.

Geschichten können aufgrund ihres Aufbaus Inhalte so vermitteln, dass man sie versteht und sie sich merkt. Schließlich nutzen wir jeden Tag Geschichten, um unser eigenes Erleben zu transportieren. Schauen Sie sich an, wie das Verhältnis von vermittelten Fakten und Geschichten in Ihrem Alltag tatsächlich ist. Sie werden zum einen feststellen, dass Sie ohne die

Nutzung von Erzählungen kaum mehr wirklich kommunizieren würden. Ihr Partner beziehungsweise Ihre Partnerin würde sich verwundert von Ihnen abwenden, wenn Sie Ihren letzten Museumsbesuch nur mit kalten Fakten schildern würden. Auch auf jeder Party müssten Sie sich schnell neue Gesprächspartner suchen, wenn Sie von Ihrem letzten Urlaub nur noch rein faktisch reden würden.

Wenn Sie aber erzählen, wie großartig das Gemälde auf Sie gewirkt hat, wenn Sie von den Gefühlen berichten, die der Urlaub in Ihnen ausgelöst hat, so haben Sie die Zuhörer auf Ihrer Seite. Wenn Sie davon sprechen, wie Ihnen das Essen geschmeckt hat, welche neuen Aromen Sie gerochen haben und welche neuen Farbkombinationen Sie beim Sonnenuntergang erlebt haben, hört man Ihnen zu. Keine Erzählung einer Fahrradtour, die alleine auf Fakten beruht, wird jemanden wirklich berühren. Sicherlich ist es wichtig und richtig, stolz die gefahrenen Kilometer mitzuteilen. Aber was die Tour wirklich ausgemacht hat, wird nicht über bloße Daten transportiert werden können.

Geschichten sind zudem tragende Säule im sozialen Miteinander von Gruppen. Geschichten wurden schon immer benutzt, um das richtige oder falsche Verhalten im Rahmen einer Gemeinschaft zu zeigen, um Werte zu diskutieren und auch, um die eigene Neugier zu befriedigen. In früheren Zeiten war der Geschichtenerzähler sowohl Lehrer als auch Historiker und er war immer auch für die Unterhaltung verantwortlich. Ein Geschichtenerzähler muss also nicht nur etwas zu erzählen haben, er muss auch wissen, wie er dies am besten tut. Alle Geschichten haben eine Struktur, die von Anfang und Ende begrenzt wird. Diese Aussage ist nicht trivial. Denn sie ist auf den Aufbau von Präsentationen übertragbar, der ebenso klar und eindeutig sein muss.

Stellen Sie also Fakten dar, aber achten Sie darauf, dass Sie den größten Teil Ihrer Präsentation als Geschichten erzählen. Bilder können dazu eine unterstützende, emotionale Leitplanke sein. Es muss sich dabei nicht um eine durchgängige Erzählung handeln. Vielleicht ist Ihre Präsentation sogar so aufgebaut, dass Sie für jede Folie eine eigene Geschichte haben.

Die folgenden Arten von Geschichten können Ihnen Anhaltspunkte geben:

- **Success-Storys:** Dies ist die wohl bekannteste Variante, bei der Sie Geschichten über erfolgreiche Kundenprojekte erzählen. Dabei können Sie viel gewinnen, wenn Sie mehr Hintergrund-Geschichten bringen und auch berichten, wie es zur jetzigen Situation kam. Auch wenn natürlich Ihre Erfolge im Mittelpunkt stehen sollten, können Sie auch die schwierigen Aspekte einfließen lassen. Das macht die Sache spannender und glaubwürdiger. Schließlich haben Sie diese Hindernisse erfolgreich überwunden.

- **Instruct-Story:** Eine Kunde kommt auf Sie zu und teilt Ihnen sein Problem mit. Er ist Krankenhausbetreiber und möchte von Ihnen wissen, wie sich die Patienten in seinen Kliniken fühlen. Die Ergebnisse will man nutzen, um eine bessere Behandlung zu erreichen (wäre man nicht im Krankenhaussektor, würden wir von Kundenbindung sprechen; denn nur wenn Patienten sich wohlfühlen und auch gut behandelt werden, kommen sie wieder). Was machen Sie? Sie führen Studien durch, befragen Patienten und unterscheiden vielleicht sogar zwischen denen, die zufrieden sind, und den anderen. Daraus entwickeln Sie Ansätze und Maßnahmen. Wie präsentieren Sie? Normalerweise werden in solchen Fällen Mind Maps, undurchschaubare Diagramme und Charts mit hochwissenschaftlichen Ansätzen verwendet. Eine Agentur aus den USA – IDEO – ist die Sache jedoch anders angegangen. Die Agentur-Mitarbeiter haben im Rahmen der Präsentation mehr als sechs Minuten (!) gezeigt, was ein Patient den ganzen Tag sieht, wenn er im Bett liegt: nämlich eine weiße Decke, die mit Neonröhren beleuchtet ist. Natürlich hat man dem Auftraggeber erst am Ende erzählt, was man gezeigt hat, aber das Ergebnis war sehr beeindruckend. Aus diesem kurzen Film konnte man sofort ableiten, was passieren muss. Auch so können Geschichten aussehen.

- **Who-I-am-Story:** Mit diesen Geschichten stellen Sie die Agentur oder auch Personen vor. Dazu gehören natürlich die üblichen Fakten: Was Sie bisher gemacht haben und welche Stationen Sie gesehen haben. Aber: Muss das immer in der üblichen Death-by-Powerpoint-Version geschehen? Können Sie es nicht an Geschichten viel besser festmachen?

Gute Geschichten müssen Inhalte haben, die interessant und durchaus auch provokant sind und eine klare Abgrenzung aufweisen. Noch besser ist es, wenn die Geschichten persönlich sind, weil man sich dann noch besser an sie erinnert. Gute Geschichten können auch aus einer grafisch schlechten Präsentation eine sehr gute Vorstellung machen.

Wo bekommt man Analogien zu guten Geschichten her? Hier bieten die Suchfelder Natur, Sport, Technik und auch der persönliche Hintergrund die besten Möglichkeiten. Der Sport ist zum Beispiel immer dann besonders geeignet, wenn Sie etwas über Wettbewerb erzählen wollen. Hier können auch Geschichten aus der Natur helfen. Dieses Feld ist ebenso geeignet, wenn es Entwicklungen geht. Der persönliche Hintergrund bringt immer stark die Nähe zu Menschen zum Ausdruck und kann darüber sehr viele Vorteile bieten.

Storytelling

von Dennis Wolpert, Unit Leiter Direktmarketing der Profilwerkstatt

Gerade letzte Woche hat es mich wieder einmal erwischt. Sie kennen das – zwei auf dem Papier verlockende Referenten haben Sie zu einer Konferenz gelockt, den Rest „nimmt man so mit". 8:30 Uhr einchecken, Handout für die Veranstaltung nebst einigen Anweisungen für das Rahmenprogramm – „Mittagessen 12:30 im Foyer, Rauchen bitte nur auf der Terrasse, heute Abend Barbecue um 18:30". Toll. Seit zwei Jahren tapferer Nichtraucher, und jetzt soll ich rauchen? Und dafür auch noch vor die Tür gehen? Naja, der Kaffee entschädigt und macht wach, die eigene Betriebstemperatur ist fast schon erreicht, und dann geht es um 9 Uhr in die Vorträge. Begonnen vom Veranstalter mit den „wenigen Worten zur Einführung". Wo gab's noch mal den Kaffee?

Haben Sie sich wiedererkannt? Fallen Ihnen zu dieser Geschichte auch eigene Erlebnisse ein? Hat Ihnen die eine oder andere Situation einen Seufzer des Wiedererkennens entlockt? Dann haben Sie gerade – zugegebenermaßen aufgrund der Papierform recht holzschnittartig – erlebt, was Storytelling ausmacht. Denn Menschen wollen Geschichten hören. Sie wollen unterhalten werden, Zusammenhänge erfahren und verstehen – und die am besten so verpackt sehen, dass auch nach einer Stunde Vortrag – oder Powerpoint-Slamming – das Wesentliche auf Dauer im Gehirn abgespeichert ist.

Das Problem dabei ist aber der Rechner selbst – unser Gehirn. Denn auch wenn wir heute komplexe Maschinen ebenso benutzen wie komplexe Satzkonstruktionen – das Gehirn tickt immer noch im Wesentlichen so wie bei unseren Vorfahren. Essen, schlafen, Nachfahren produzieren. Punkt. Es erinnert sich unglaublich schlecht an abstrakte Begriffe – „Abgeltungssteuer" ist nicht nur inhaltlich, sondern auch unter Neuromarketing-Gesichtspunkten ein schreckliches Wort. Es versteht umso besser konkrete Begriffe, an die es Erinnerungen hat – ein „Baum" beispielsweise. Und noch besser wird es, wenn dieses Wort im Kontext steht – „Ein Kerl wie ein Baum" ist eine unglaublich einfache, aber auch einprägsame Beschreibung, die man schnell versteht, schnell behält und auch noch vergleichsweise lange erinnert. Und wenn diese bildhafte Sprache nun auch noch im Kontext einer Geschichte eingesetzt wird, können wir unser archaisches Gehirn dort abholen, wo es steht – Sie erinnern sich: Essen, schlafen, ...

Was bringt uns aber diese einfache, aber in meinen Augen existenzielle Erkenntnis für unsere eigenen Vorträge? Eine ganz einfache Regel: Wollen Sie Ihre Zuhörer abschrecken, keine Erinnerungen hinterlassen oder haben Sie nichts zu sagen, dann nutzen Sie Powerpoint als Ansammlung von toter Information und Tabellen. Sie werden feststellen, dass die meisten Zuschauer schon wenige Minuten nach der Präsentation einen großen Teil davon vergessen haben. Wollen Sie allerdings nachhaltig Ihre Botschaft verankern, positive Erinnerung an Sie und Ihre Inhalte hinterlassen, dann überlegen Sie sich einmal, welche Geschichte dahinter steckt. An die genaue Schrittlänge bei den ersten Gehversuchen Ihres Kindes werden Sie sich nie erinnern können. Aber das Strahlen im Gesicht des Lütten – und auch seiner Eltern – das bleibt Ihnen ein Leben lang im Gedächtnis. Sehen Sie? Die oft eingesetzten Kinder in der Werbung haben ihre Berechtigung. Denn die Geschichten von Kindern und ihrem Aufwachsen sind sehr tief in unserem Gehirn verankert!

Geschichten erzählen ist keineswegs trivial. Es geht nicht darum, mit möglichst vielen Worten möglichst wenig zu sagen – sondern eben genau darum, mit den richtigen Worten eine Art „Kopfkino" in Gang zu setzen, den Zuhörer in seinen Bann zu ziehen und positive Emotionen zu wecken. Und es wird noch schlimmer: Die Medienvielfalt, der mediale Overload, die Geschwindigkeit und Verfügbarkeit aller Medien machen es immer schwieriger, Aufmerksamkeit zu erregen und zu behalten. Besonders gute Geschichtenerzähler schaffen das also auf 140 Zeichen – in Zeichen von Twitter eine Maßeinheit. Umso wichtiger wird die Story damit aber auch für Sie: Wenn Sie die Zuschauer nicht schnellstens in Ihren Bann ziehen, dann ist Ablenkung und „the next best thing" nur einen Mausklick oder eine iPhone-Taste weit weg.

Was also tun? Gibt es so etwas wie einen „Story-Baukasten"? Vielleicht nicht ganz, aber im Folgenden finden Sie ein paar Anregungen.

- Was ist Ihre Kernaussage? Achten Sie darauf, dass Ihre Geschichte zum Produkt oder der Dienstleistung passt. Es muss die richtige Geschichte sein, die Sie erzählen. Sie muss den richtigen Helden haben und die richtigen Emotionen schüren.
- Der Mensch entscheidet IMMER emotional. Lassen Sie sich nichts anderes erzählen: Es gibt keine rein rationalen Menschen. Einzig die Art der Emotionen ist unterschiedlich: Manche Menschen suchen nach dem Abenteuer, dem Ungewissen und dem „Nervenkitzel". Sie reden mit Ihnen gerne über Bungee-Jumping, Grenzerfahrungen beim Marathon oder vom neuen Motorradkombi, bei dem die Knieschleifer schon nach dem ersten Ausflug auf den Nürburgring abgenutzt waren. Und dann gibt es Menschen, die suchen die höchstmögliche Sicherheit, verabscheuen Ungewissheiten und Entscheidungen unter Risiko. Wenn Sie dies im Vorfeld wissen, hat es Auswirkungen auf Ihre Geschichte. Denn Begeisterung braucht nicht nur die richtige Geschichte, sondern auch die richtigen Empfänger.
- Wissen Sie, warum Filme über Flugzeugkatastrophen nicht im Inflight-Kino auf den Interkontinentalflügen gezeigt werden? So spannungsgeladen der Film im heimischen Kino sein kann – auf 11.000 Meter Höhe will man diese Geschichte doch nicht sehen. Die Geschichte muss also nicht nur die richtige sein und den richtigen Empfänger erreichen – sie muss auch noch zur richtigen Zeit erzählt werden. Denken Sie daher bei einer Präsentation auch daran: Wenn Sie Ihren Gesprächspartner mit Ihrer tollen Geschichte davon abhalten, seinen im Vorfeld signalisierten Anschlusstermin zu erreichen, dann werden Sie nicht glücklich.

Wenn Sie Ihre Story nach diesen drei Gesichtspunkten aufbauen, dann haben Sie schon halb gewonnen. Aber aufgepasst: Eine Geschichte zu erzählen sollte man geübt haben. Und man sollte sich sicher sein, dass der Inhalt zum Publikum passt. Herrenwitze etwa können Sie zum Liebling des Junggesellenabschieds machen, in einer Pitchpräsentation führen Sie eher selten zum gewünschten Erfolg. Und: Wer schon einmal ein gutes Buch gelesen hat und dann im Kino bei der Verfilmung zu

Tode enttäuscht war, der kann ein Lied davon singen, dass man selbst eine gute Geschichte kaputt machen kann. Man kann die falschen Aspekte betonen, die Helden der Geschichte falsch besetzen (indem man zum Beispiel dem Schalke-Fan die tolle Geschichte aus dem VIP-Bereich von Borussia Dortmund erzählt, als man diesen tollen Trainer getroffen hat... Autsch!) oder auch zu kurz oder zu lange erzählen. Daher ende ich mit meiner Geschichten einmal an dieser Stelle – und überlasse Ihnen das Sequel. Vielleicht sehe ich die eine oder andere Fortsetzung ja mal auf einem meiner nächsten Kongresse...

6.4 Struktur, Struktur, Struktur

Ihre Zuhörer müssen jederzeit wissen, wo Sie sich bei Ihrer Präsentation befinden und was die nächsten Schritte sein werden. Dazu reicht es nicht aus, wenn Sie am Anfang des Vortrags ein entsprechendes Inhalts-Chart erstellen. Bevor Sie die Folien in Powerpoint gestalten, sollten Sie schon ihre Struktur kennen und diese idealerweise vorher auf ein Blatt Papier gebracht haben. Das bietet Ihnen mehr Überblick, Sie können den Aufbau besser überarbeiten und wissen auch, was Ihre Hauptpunkte sind.

Bevor Sie überhaupt mit der Präsentation beginnen, müssen Sie natürlich wissen, mit wem Sie es zu tun haben: Welche Erwartungen und Hintergründe haben Ihre Zuhörer, was haben sie bisher gesehen? Mit welcher neuen Inszenierung kann man sie fesseln und überraschen? Welche Bausteine benötigen die Zuhörer, damit sie auch abgeholt werden? Hierzu gehört auch, dass Sie genügend – überprüfte und gesicherte – Inhalte haben. Entscheidend kann auch der Ort der Präsentation sein: Wie groß ist der Raum und wie gut kann man Sie hören und sehen? Diese Frage beginnt schon beim Beamer und ob dieser hell genug ist, wenn es nicht Ihr eigener ist. Das gilt nicht zuletzt auch beim immer wiederkehrenden Trauerspiel, ob sich der Beamer des Kunden und Ihr Laptop verstehen oder ob es ein Weilchen dauert, bis Sie sie so angeschlossen haben, dass es auch klappt.

Zur Struktur gehört auch, dass Sie sich über den wichtigsten Punkt der Präsentation klar werden. Wenn Sie nur ein oder zwei Charts zur Verfügung hätten – welche Inhalte wären dort abgebildet und wie wären sie visualisiert? Auf diese Inhalte muss Ihr Aufbau abgestellt sein und um sie muss sich der Spannungsbogen bilden. Auch hier kann wieder der Elevator-Pitch helfen: Stellen Sie sich vor, Sie müssten Ihre Ideen in 30 Sekunden auf dem Weg zum Konferenzraum präsentieren – was sagen Sie, was ist Ihre Botschaft? Sie sollten sich dieses Szenario vor der Präsentation überlegen. Eine kleine Abwandlung des Elevator-Pitches ist es, Ihren Kerngedanken auf die Rückseite einer Visitenkarte zu schreiben. Wenn Ihnen das gelingt, haben Sie Ihre – einfache und prägnante – Kernbotschaft.

6.5 Während der Präsentation

Status: Credential vorbereitet.

Next step: Credential zeigen.

In den ersten Minuten hört man Ihnen am interessiertesten zu. Nutzen Sie diesen Umstand und erzählen Sie nichts Allgemeines über Ihre Agentur oder Ihre Person. Konzentrieren Sie sich während der gesamten Präsentation ganz auf die Aufgabe. Lassen Sie echtes Interesse an Ihrem Thema erkennen. Wenn es ein Pult gibt, bleiben Sie nicht dort stehen, sondern bewegen Sie sich zu den Zuhörern. Nehmen Sie mit Ihnen Kontakt auf. Nutzen Sie die Möglichkeit, dass Sie im Rahmen einer Präsentation den Bildschirm schwarz werden lassen können. In einem solchen Moment, gerade wenn Sie sich kurz vom Thema wegbewegen wollen, haben Sie die volle Aufmerksamkeit des Publikums. Lassen Sie sich auch durch kritische Fragen nicht aus der Ruhe bringen. Bleiben Sie höflich, gelassen und professionell.

Sag mal, wie wichtig ist es denn, Awards und dergleichen in einer Präsentation anzuführen?

Ich bin schon beim Thema Kontakte knüpfen auf das Stichwort Awards eingegangen. Wir alle wissen, wie Awards zustande kommen. Teilweise sind Entscheidungen und Ergebnisse nicht ganz objektiv, um es mehr als vorsichtig zu sagen. Dies ändert aber nichts daran, dass Auszeichnungen eine der wichtigsten Währungen im Bereich Marketing und Werbung sind.

Sag mal, wie wichtig ist es denn, Awards und dergleichen in einer Präsentation anzuführen? (Fortsetzung)

Für Kunden ist die Bedeutung von Awards manchmal wichtig, manchmal interessieren sie sich nicht wirklich dafür. Wie man zu Awards auch stehen mag: Es ändert nichts daran, dass sie einen gewissen Eindruck schinden. Denn mit Awards wird von neutraler Seite Qualität attestiert. Deshalb sind sie wichtig und sollten daher immer in einer Präsentation erwähnt werden.

6.6 Nach der Präsentation

Im besten Fall waren Ihre Präsentation und die von Ihnen dargestellte Lösung so auf den Punkt, dass man gleich über eine Zusammenarbeit redet. Aber das ist die Ausnahme. Denn gerade bei größeren Unternehmen entscheidet der Einkauf mit. Das braucht Zeit und geht auch nicht ohne Verhandlungen.

Ein gutes Ergebnis besteht darin, dass Sie sich mit dem richtigen Ansprechpartner unterhalten haben und dieser Ihre Ideen toll fand – meist ist das ein Mitarbeiter des Marketings, der idealerweise über ein Budget mitentscheiden kann. Wenn es ganz gut gelaufen ist, hat er auch schon überlegt, was man zusammen machen könnte. Mit noch mehr Glück ist er auch mit dem bestehenden Dienstleister nicht zufrieden, und Sie haben sich gleich zwei Mal zum richtigen Zeitpunkt mit ihm unterhalten. Aber auch wenn alles nach Wunsch läuft, müssen Sie wohl ein wenig Geduld haben.

Wenn man nicht über konkrete Projekte sprechen kann, sollte man am Ende des Gesprächs trotzdem überlegen, was denn in der nächsten Zeit ansteht und wann ein weiterer Kontakt angezeigt ist. Und dann müssen Sie geduldig sein. Während der Wartezeit sollte der Kontakt allerdings nicht nur telefonisch stattfinden; vielmehr sollten Sie möglichst alle Wege nutzen.

Sinnvoll ist es daher auch, einen Brief zu schreiben oder eine Mail. Auch wenn es trivial klingt: Ihre Informationen müssen für den Ansprechpartner immer relevant sein.

Sag mal, soll man sich bei der Gewinnung neuer Kunden auf große oder kleine Unternehmen konzentrieren?

Das hat natürlich stark mit der Größe des Dienstleisters zu tun. Handelt es sich um eine Agentur, die schon eine gewisse Größe hat und für Konzerne arbeitet, so taucht dort immer wieder die Idee auf, auch kleinere Unternehmen als Kunden mitnehmen zu wollen. Diesen Ansatz halte ich für falsch, da kleinere Kunden einen ähnlich hohen Akquiseaufwand erfordern wie große, aber man mit ihnen sehr viel weniger Geld verdienen kann. Grundsätzlich würde ich immer dazu raten, größere Unternehmen zu kontaktieren. Klar ist aber auch, dass ganz kleine Agenturen bei wirklich großen Unternehmen meist überhaupt keine Chance haben.

Empfehlung für Freelancer und Small-Agencies

Natürlich müssen auch kleine Strukturen Größe zeigen, etwa indem sie auf Referenzen aus vergangenen Stationen zurückgreifen. Dabei müssen Sie darauf hinweisen, dass Sie bestimmte Kunden im Rahmen anderer Verhältnisse betreut haben. Das ist dann empfehlenswert, wenn Sie daneben kleinere eigene Kunden anführen. Um glaubwürdig zu sein, dürfen Sie nicht den Konzernkunden neben das regionale „eigene" Unternehmen stellen. Unterstützend können auch persönliche Referenzen von Kunden sein; sie helfen, Vertrauen aufzubauen. Größe zu zeigen ist wichtig, aber deswegen muss man nicht in Superlative verfallen und auf der Webseite in den allerhöchsten Tönen von der Agentur schwärmen. Mehr Schein als Sein geht auf die Dauer nicht gut.

7.

Einkauf oder: Die bösen Buben?

Status: Credential gezeigt.

Next step: Einladung zum Gespräch mit dem Einkauf.

7.1 Job des Einkaufs

Unterhält man sich mit Agenturleuten über das Neukundengeschäft mit großen Unternehmen beziehungsweise Konzernen, so kommt man schnell auf den Einkauf zu sprechen – und der hat bei den Agenturverantwortlichen wahrlich keinen guten Ruf. Da ist die Rede von Menschen, die die Prozesse in Agenturen überhaupt nicht verstehen und dies auch nicht wollen. Da kaufen Mitarbeiter auf Kundenseite heute Schrauben und Toilettenpapier ein und morgen Agenturleistungen. Da hört man von Transparenzforderungen und Preisdrückereien, die Agenturen als lebensbedrohlich empfinden. So will der belgische Bierhersteller Inbev nach Informationen der Fachzeitschrift *Horizont* (Online-Meldung vom 14. Mai 2009) in den USA seine Agenturen erst nach 120 Tagen bezahlen.

Ist die Situation wirklich so dramatisch und wird sie sich in Zukunft noch verschärfen? Dass sich der Einkauf auch um kreative Leistungen kümmert, ist ein relativ junges Phänomen. Bei einzelnen Unternehmen wurden die ersten Spezialisten, die sich nur um den Einkauf von Marketingleistungen kümmern, um das Jahr 2003 eingestellt. Vor dieser Zeit gab es durchaus auch schon Einkäufer, die Agenturleistungen bearbeitet haben, sie waren aber nicht auf diese Dienstleistungen spezialisiert und professionalisiert. Die entsprechende Fachabteilung hatte ganz klar das Sagen und bestimmte nicht nur, mit welcher Agentur man arbeitete, sondern gab auch die Kosten frei. Bei genauem Hinsehen hat man aber festgestellt, dass genau diese Aufwendungen zu hoch sind und man viel mehr Geld ausgibt als notwendig. Dies bezieht sich sowohl auf die Gesamthöhe der Kosten als auch mit der Vielzahl der Agenturen, die durch eine unzureichende Koordination der Projekte nochmals Mehrkosten verursachen. Hinzu kamen damals noch solche Kleinigkeiten wie eine Zusammenarbeit ohne schriftlichen Vertrag usw.

Ist hingegen der Einkauf mit im Boot, so werden beim Lieferantenmanagement die verfügbaren Instrumente und Hebel zum Beispiel zur Kostenoptimierung etwa zwei- bis dreimal häufiger eingesetzt. Wird der Einkauf der Marketingleistungen nicht über die Procurement-Abteilung gelenkt, so liegt dies oft an den fehlenden Ressourcen, etwa im Bereich Know-how oder Organisationsstruktur. In einigen Unternehmen gibt es auch die strategische Entscheidung, dass die Fachabteilung auch für den Einkauf zuständig ist.

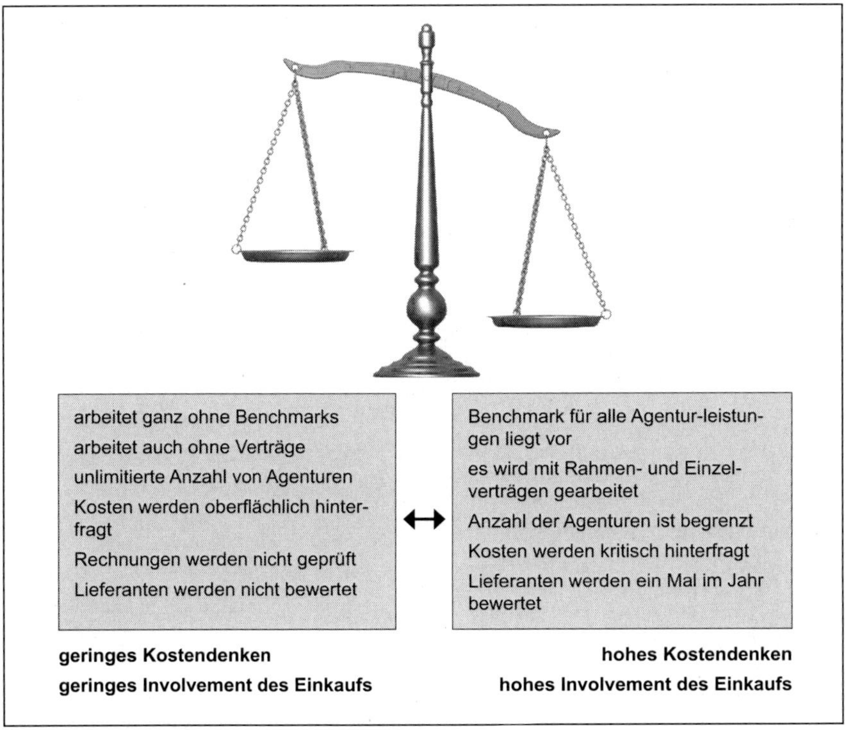

Abbildung 11: Abweichendes Kostendenken von Marketing und Einkauf

Die Mitarbeiter des Marketings sind meist über diesen Machtverlust nicht erfreut. Der Einkauf dagegen behauptet, dass das Marketing gar nicht gerne über Kosten verhandle. Daher sei das Marketing eigentlich nicht unglücklich darüber, diese Aufgabe nicht mehr lösen zu müssen. – Das Marketing hat aber außerdem oft ein ähnliches Problem wie die externen Agenturen mit dem Procurement: Der Einkauf kennt sich nicht gut genug mit Kreativleistungen aus und kann daher keine qualifizierten Entscheidungen treffen. Grundsätzlich kann man dem Einkauf daher nur empfehlen, das nötige Know-how aufzubauen, etwa indem er Mitarbeiter mit Agenturerfahrung beschäftigt. Der Einkauf sollte außerdem das Marketing zwar auf gleicher Augenhöhe unterstützen, aber keine endgültigen Entscheidungen über die Zusammenarbeit mit einer Agentur treffen. Der Einkauf sollte also eher Berater des Marketings sein. Denn schließlich hat die Marketingabteilung die fachliche Kompetenz und muss auch täglich mit dem Dienstleister zusammenarbeiten. Ist der eine für das Fachliche und der andere für das Finanzielle verantwortlich, kann das Marketing in einer solchen Good-Guy/Bad-Guy-Konstellation die Guten sein und ist somit aus der Schusslinie.

Klar ist, dass die Bedeutung des Einkaufs in den nächsten Jahren weiter wachsen wird. Dies gilt sowohl für Unternehmen, die momentan noch keine Mitarbeiter haben, die sich nur mit dem Einkauf von Kreativleistungen beschäftigen, als auch für solche, in denen diese schon vorhanden sind. Im ersten Fall wird man eine entsprechende Abteilung aufbauen und im zweiten wird deren Stellenwert über eine höhere Mitarbeiterzahl weiter zunehmen. Noch kann man bei vielen Unternehmen alleine über eine gute Beziehung zum Marketingleiter ins Geschäft kommen. In Zukunft aber wird der Einkauf ein früheres und grundsätzlicheres Mitspracherecht einfordern. – Die Machtverteilung in einem Unternehmen hängt jedoch auch davon ab, wie einkaufsintensiv dort gearbeitet wird. Bei einer Bank, wo einer der größten Kostenblöcke das Personal ist, existiert eine andere Historie als bei einem Automobilunternehmen, wo schon lange sehr viel eingekauft wurde.

Jedem Agenturverantwortlichen kann man daher nur raten, sich frühzeitig über die unternehmensinternen Machtverhältnisse zwischen Einkauf und Marketing zu informieren. Stellt sich dabei heraus, dass ohne den Einkauf gar nichts geht, so sollten Sie sich sehr früh mit den entsprechenden Kollegen aus dem Einkauf in Verbindung setzen. Denn wenn sich der Einkauf übergangen fühlt, so werden Sie und die Marketingabteilung wahrscheinlich scheitern. Mir wurde zum Beispiel von einem Fall berichtet, wo eine Agentur vom Marketing die Freigabe für einen Job erhalten hatte. Die anschließenden Verhandlungen mit dem Einkauf hatte das Marketing als reine Formsache dargestellt. Die Agentur gab daraufhin eine Pressemitteilung über den Etatgewinn heraus. Als der Einkauf dies erfuhr, verweigerte er seine Zustimmung und die Agentur verlor den gesamten Auftrag.

Das Gewinnen neuer Kunden, aber auch das Halten bestehender Auftraggeber wird stark davon abhängen, ob die Agentur den Einkauf von ihrer Leistungsfähigkeit überzeugen kann. Agenturen, die es nicht schaffen, hier eine Kompetenz aufzubauen oder diese den Marktverhältnissen anzupassen, werden trotz ihrer hohen Leistungsfähigkeit im kreativen Bereich nicht überleben. Wer den Einkauf unterschätzt beziehungsweise nicht ernst nimmt, wird nicht am Markt bestehen. Agenturen müssen hier viel lernen. Der Druck wird aber weiter stiegen, da die werbetreibenden Unternehmen ihre Kosten für Kreativleistungen weiter senken müssen; auch die Agenturkunden sind einem heftigen Preis- und Kostendruck ausgesetzt. Dies gilt zum Beispiel sowohl für die Hersteller von Autos als auch für deren Zulieferer. Pauschalisierte Honorare von 15 Prozent werden mit der stärkeren Macht des Einkaufs der Vergangenheit angehören. Teilweise ist dies bereits jetzt der Fall. Ein Verantwortlicher eines Buying-Centers hat diese Pauschalisierung als Wegelagerer-Aktion beschrieben.

Der Vertrieb jedes Unternehmens – und damit auch der von Agenturen – wird abhängig von seinem Erfolg bezahlt. Deshalb liegt es nahe, dass auch der Einkauf erfolgsabhängig vergütet wird. Dabei hängt der jeweilige Anteil von der Position des Einkäufers ab. Ist er hierarchisch höher angesiedelt, so wird der Prozentsatz entsprechend größer sein. Während man den Vertriebserfolg an den höheren Umsätzen festmachen kann, so sind die Kriterien beim Einkauf weniger klar. Meist erhält der Einkauf einen Bonus, wenn er bestimmte qualitative und quantitative Ziele erreicht hat. Eine reine Provisionierung nach den Einsparungen ist selten, da diese meist schlecht messbar sind.

Briefe, über die man sich nicht freut

Sehr geehrter Herr CFO beziehungsweise Geschäftsführer,

wie Sie sicherlich auch wissen, bewegen wir uns im Moment in einer sehr schweren wirtschaftlichen Phase, die gerade auch von unserem Unternehmen entsprechende Maßnahmen zur Kostenoptimierung erfordert. Da wir mit Ihrer Agentur ein partnerschaftliches Verhältnis haben, möchten wir dieses Ziel mit Ihnen gemeinsam erreichen.

Gerade vom Handel sind wir aufgefordert worden, eine Kostenverminderung von mindestens 10 Prozent zu erreichen. Bitte nennen Sie uns Ihre Maßnahmen, mit denen diese Vorgaben aus Ihrer Sicht erreicht werden können. Wir freuen uns auf eine entsprechende Nachricht bis zum Ende dieses Monats.

Sollten Sie Fragen haben, so stehen wir Ihnen jederzeit gerne zur Verfügung.

Mit besten Grüßen

Ihr Einkauf

Aber nicht nur der Druck auf die Agenturen wächst, auch an den Einkauf werden gerade in schlechten Zeiten hohe Anforderungen gestellt. Er soll dafür sorgen, dass die gleiche Leistung für weniger Geld eingekauft wird. „10 Prozent gehen immer", so ein Einkäufer eines DAX-Unternehmens. Dazu werden zwar meist die bestehenden Rahmenverträge mit Agenturen nicht angetastet. Aber Sie müssen damit rechnen, dass Ihr Auftraggeber mal über die Kosten reden möchte.

7.1.1 Kosten senken

Immer wieder betonen werbetreibende Unternehmen den partnerschaftlichen Aspekt der Zusammenarbeit zwischen Agenturen und Einkauf. Dennoch sei hier nochmals betont, dass es natürlich eine sehr wichtige Aufgabe des Einkaufs ist, die Kosten zu senken und insgesamt bessere Konditionen zu erzielen. Sonst hätte die Einkaufsabteilung keinen Sinn. Daneben geht es aber auch um die Sicherheit, dass eine Agentur einen begonnenen Job auch zu Ende führen kann. Dazu fordert der Einkauf in Zweifelsfällen zum Beispiel entsprechende Informationen von Wirtschaftsauskunfteien an. Obwohl Agenturen aufgrund ihres Geschäftsmodells nicht allzu viele Lieferanten haben, müssen sie also verstärkt darauf achten, einer Bonitätsprüfung standzuhalten. Einige Unternehmen holen diese Wirtschaftsauskünfte immer ein, bevor es zu einer Zusammenarbeit kommt; andere treffen die entsprechenden Entscheidungen von Fall zu Fall. Bonitätsprüfungen werden aber auch bei einer bestehenden Geschäftsbeziehung durchgeführt. Dies geschieht im Rahmen einer Lieferantenbewertung (dazu später mehr). Neben der reinen Bonität wird dabei auch auf Frühwarnsignale geachtet, wie beispielsweise die Änderung des Ratings oder der Kreditempfehlung. Neben den kostenpflichtigen Informationen beachtet der Einkauf mehr und mehr die frei zur Verfügung stehenden Daten im Internet, etwa die des Bundesanzeigers.

Kosten senken heißt auch, dass der Einkauf immer an einer Wettbewerbssituation zwischen den Lieferanten interessiert ist. Er wird daher mit Lieferanten, mit denen das Unternehmen grundsätzlich zusammenarbeiten will, Rahmenverträge abschließen. In diesen sind die wesentlichen kaufmännischen Aspekte geregelt, unter anderem Qualifikationsstufen, Standardpreise, Rabatte und Zahlungsbedingungen. Einen Rahmenvertrag erhalten Sie als Agentur meist nur durch einen Pitch. Für individuelle Projekte schließen Sie dann Einzelverträge ab, die aufgrund von Benchmarks verhandelt werden, um die Agentur unter ständigem Druck zu halten.

Mit der größeren Macht des Einkaufs wandeln sich auch die Einstellungen der Agenturen zu ihren Büros. Hat man es früher als seriös und als ein Zeichen von Größe empfunden, wenn das Büro in einem Luxusloft untergebracht war, so sind Kunden heute nicht mehr bereit, die Agentur diesbezüglich zu unterstützen. Heute kann nicht mehr mit Geld geprotzt werden. Vielmehr steht die Leistung in der Job-Abwicklung im Mittelpunkt. Deshalb kann eine Agentur heute ihren Sitz in einer ehemaligen Kneipe oder einer alten Fabrik haben, aber nicht mehr in einer protzigen, pompösen Villa. Und als Geschäftsführer wählt man heute auch lieber keinen Maserati als Firmenwagen.

Sag mal, müssen neben Werbeagenturen eigentlich auch Anwälte, Consultants usw. mit dem Einkauf reden?

Bei Anwälten wird sicherlich ein Teil der Leistungen über interne Fachleute abgedeckt. Aber auch Wirtschaftprüfer und Consultants müssen sich mehr und mehr mit dem Einkauf auseinandersetzen, wenn auch noch nicht in dem Ausmaß wie Agenturen.

7.1.2 Transparenz herstellen

Der Einkauf will nicht nur Kosten senken, sondern auch Transparenz schaffen. Nur so wird klar, welche Leistungen welchen Preis haben und wie es zu diesen Preisen kommt. Fragt man Agenturen, wie sie denn zu ihren Stunden- beziehungsweise Tagessätzen kommen, so erhält man meist die Antwort, dass diese sich an den Marktgegebenheiten orientieren. Die Agenturen erkundigen sich also nach den marktüblichen Preisen für einen Art-Director und verändern diese entsprechend nach oben oder unten. Ist der kreative Dienstleister neu auf dem Markt oder nicht gerade in einer Werbemetropole tätig, so korrigiert er die Marktpreise meist nach unten.

Redet man mit dem Einkauf über eine solche Preisbildung vor dem Hintergrund der Transparenz, so sieht man nur in ratlose Gesichter. Die Ratlosigkeit weicht Entsetzen, wenn dann ein Agenturverantwortlicher auf die unglaublich kluge Idee kommt, dem Einkäufer auf einen Tagessatz einen Rabatt von 15 Prozent zu geben, wenn man zusammenarbeitet. Einkäufer finden ein solches Vorgehen absolut unprofessionell. Das Procurement ist überhaupt nicht daran interessiert, die adaptierten Marktpreise einer Agentur zu erfahren. Es will vielmehr wissen, aus welchen Einzelkosten sich der Aufwand für einen Agenturmitarbeiter zusammensetzt, und genau dies können viele Agenturen nicht darlegen. Auch deswegen haben sie große Probleme mit dem Einkauf.

Es gibt zwei Hauptgründe, warum Agenturen die genauen Kosten nicht kennen: Zum einen ist es für viele Agenturen mehr als schwierig, die genaue Stundenzahl darzustellen, die ein Mitarbeiter an einem Job gearbeitet hat. Erstaunlicherweise haben damit nicht nur kleine Agenturen Probleme, sondern auch Networks. Die Einkäuferin eines werbetreibenden Unternehmens hat es mehr als verwundert, dass sie mitunter sehr lange auf ein entsprechendes Reporting von ihrer betreuenden Network-Agentur warten musste. Schon zu der Zeit, als ich in Agenturen gearbeitet habe, war die Erstellung der „Job-Zettel" ein hartes Stück Arbeit. Zwischen dem tatsächlichen Auftrag und dem Ausfüllen der Stundenzettel lagen manchmal einige Wochen, sodass die Erstellung nicht ohne Zufälligkeiten abgelaufen ist. Daran scheint sich bis heute nicht allzu viel geändert zu haben. Auch wenn es für Kreative mehr als herausfordernd ist, diese Stundenzettel per Hand oder Computer zeitnah auszufüllen, muss diese Arbeit geleistet werden. Dann werden sich auch Konflikte mit dem Einkauf minimieren lassen.

Der zweite Grund, warum Agenturen ihre Kosten nicht darstellen können, ist eigentlich nicht nachvollziehbar. Nach Meinung vieler Einkäufer interessieren sich Agenturinhaber viel zu wenig für ihre Zahlen. Viele wollen gar nicht wissen, wie hoch die Kosten pro Mitarbeiter sind, welcher Kunde welchen anderen subventioniert und in welchem Ausmaß. Ein Controller einer Network-Agentur hat mir berichtet, dass man nur sehr selten die tatsächlichen Kosten pro Mitarbeiter ausgerechnet hat. Dazu passt auch, dass Agenturen sich meist mehr für den Umsatz interessieren als für den Gewinn. Auch unter diesem Blickwinkel gibt es kaum Unterschiede zwischen großen und kleineren Agenturen. Beide tun sich gleichermaßen schwer damit, die richtigen Zahlen zu liefern.

Sag mal, wie viele Stunden arbeitet ein Mitarbeiter eigentlich durchschnittlich pro Jahr?

Gehen wir von 365 Tagen im Jahr aus, so müssen Sie davon 114 Sonn- und Feiertage abziehen, bleiben 251 Arbeitstage. Hat jemand 30 Tage Urlaub (inklusive Krankheit), so ist er oder sie 221 Tage in der Agentur. Meist können Sie davon 15 Prozent für allgemeine Stunden abziehen und dann bleiben 1500 kundenbezogene Stunden.

Übernommen von Tilman Mauser

Auch wenn der Wunsch nach Transparenz nachvollziehbar ist, gibt es Fälle, in denen dieser Gedanke überstrapaziert wird. Als Beispiel sei ein DAX-Unternehmen genannt, das bei einem Pitch von der Agentur die Höhe der Mietkosten wissen wollte. Es sei angemerkt, dass sich die Büros dieser Agentur nicht in einem sehr hochpreisigen Stadtteil befinden. Der Kunde meinte dann, dass der von der Agentur genannte Preis über dem Durchschnitt läge, und wollte die Differenz abziehen. Dieses Vorgehen ist natürlich überhaupt nicht nachvollziehbar. Denn es handelt sich dabei um Kosten, die nichts mit der eigentlichen Leistungserbringung zu tun haben.

Bei diesem Beispiel bekommt man auch den Eindruck, dass der entsprechende Einkauf die Prozesse einer Agentur kaum kannte. Deshalb musste er sich auf die üblichen Instrumente des Einkaufs von Schrauben stützen und diesen liegen zum Beispiel die Mietkosten zugrunde.

Sag mal, wozu nutzt man Deckungsbeitragsrechnung und Vollkostenrechnung?

Unter einem Deckungsbeitrag versteht man den Unterschied zwischen den direkten Erlösen, die man für ein Projekt erzielt hat, und den direkten zurechenbaren Kosten; bei den letztgenannten handelt es sich in einer Agentur meist um die direkten Personalkosten. Der Deckungsbeitrag muss eigentlich immer positiv sein, da er einen Teil der nicht eindeutig zuordenbaren Gemeinkosten abdecken muss. Mit der Deckungsbeitragsrechnung können Sie also herausfinden, wo die Preisuntergrenze liegt. Wenn eine Agentur eine schlechte Phase hat, wird sie auch geringe Deckungsbeiträge akzeptieren; dies funktioniert aber nur kurzfristig. Mittelfristig müssen die Deckungsbeiträge die Gemeinkosten mindestens decken. Nutzen Sie nur die Teilkostenrechnung, so können Sie Leistungen im Sinne von Kostenträgern weiter anbieten, obwohl sie sich eigentlich nicht lohnen. Die folgende Abbildung zeigt die Beziehung von Gemeinkosten, direkten Kosten und Deckungsbeiträgen auf. (Vielen Dank an Tilman Mauser für das freundliche Überlassen der Grafik sowie vieler Informationen zu diesem Thema.)

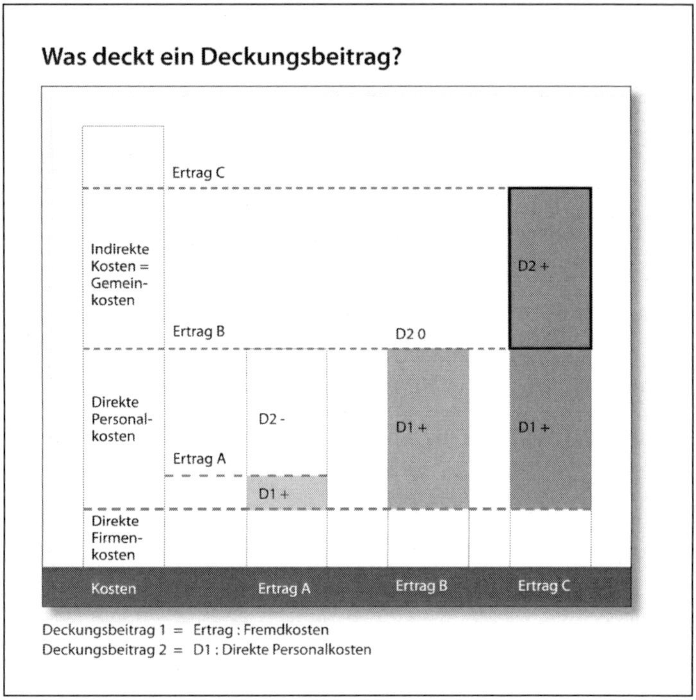

Abbildung 12: Was deckt ein Deckungsbeitrag? (Abbildung: Tilman Mauser)

Um die zu verteilenden Gemeinkosten so gering wie möglich zu halten, müssen Sie möglichst alle Stunden, die eindeutig einem Projekt zugewiesen werden können, auch entsprechend zuordnen. In der Praxis sieht man aber, dass oft weit mehr als 20 Prozent auf der Jobnummer „allgemein" gebucht werden. Dies ist erst einmal für den Verantwortlichen eine prima Geschichte, weil er einen Job mit wenig Stunden bearbeitet. Die unter „allgemein" eingetragenen Stunden werden aber auf der anderen Seite allen Projekten zugerechnet. Die allgemeinen Stunden nutzt man auch, um Untätigkeiten, Doppelarbeiten usw. zu verschleiern. So kommt es zwar zu weniger Stunden, die sind dann aber dafür teurer. Die Kostenerfassung sollte allerdings nicht nur für die jeweiligen speziellen Jobs geschehen, sondern auch für eindeutig zurechenbare interne Leistungen. Dazu gehört auch der Bereich der Neukundengewinnung. Hier sollten Sie jeweils erfassen, welche Mitarbeiter wie viele Stunden gearbeitet haben. Nur so können Sie letztendlich beurteilen, welche Kosten entstanden sind – schließlich müssen Sie diese wieder vom gewonnenen Kunden erwirtschaften.

Auch bei der Vollkostenrechnung nimmt man eine Differenzierung in Einzelkosten und Gemeinkosten vor. Die Gemeinkosten werden dann aber nach Verrechnungsätzen auf die Kostenträger verteilt. Die Krux liegt in den Verrechnungssätzen, die nämlich kein „gerechtes" Ergebnis erzielen können; so können sich die Verteilungsschlüssel nach dem Personal, den Erträgen und mehr richten. Korrespondierend hierzu ist der Vollkostenstundensatz. Er ergibt sich aus den reinen Gehaltskosten und den Nebenkosten, plus dem entsprechenden Gemeinkostenanteil und einem anteiligen Gewinn. Das Ergebnis ist der Betrag, mit dem man das angestrebte Ergebnis erreicht. Die Overheads setzen sich aus den Personal- und Sachkosten-Overheads zusammen:

1. Personal-Overheads
Stunden „Produktive" auf Allgemein
Stunden „Produktive" auf Neugeschäft
Stunden Verwaltungsleute etc.

2. Sachkosten-Overheads
Freie Mitarbeiter
Reisen
Bewirtung
Mieten
Instandhaltung
Abschreibungen etc.

(Quelle: Agentur-Rentabilität unter Controlling, GWA)

Um mit dem Einkauf auf Augenhöhe reden zu können, müssen Sie als Agentur Ihre Kosten und Ihre Kostenstruktur kennen. Die folgenden Kennzahlen sind dabei unabdingbar:

- Wie viele FTE (Full Time Equivalent) arbeiten auf einem Account?
- Wie viele Stunden arbeitet jeder einzelne Mitarbeiter auf dem Account?
- Wie hoch sind die genauen Overheadkosten und wie hoch sind diese prozentual, wenn sie umgelegt werden?
- Wie hoch ist die Marge Ihrer Agentur und mit welchen Argumenten begründen Sie diese?
- Was sind die Kostentreiber des jeweiligen Accounts und wie können Sie sie agenturseitig optimieren? Gibt es zu viele Autorenkorrekturen usw.? Ihre Möglichkeiten sind hier insoweit begrenzt, als bestimmte Modifikationen – zum Beispiel im Workflow – auch Änderungen auf Kundenseite zur Folge haben, die aber nur bedingt umsetzbar sind.
- Wie hoch sind die Kosten (gegebenenfalls Preislisten) pro Account und wie könnten Sie sie optimieren?
- Wie hoch sind die Umsätze, die mit dem Account gemacht werden?
- Wie hoch sind die Kosten, die von externen Dienstleistern verursacht werden, und wie können Sie diese optimieren?

Damit einmal vereinbarte Kosten nicht aus dem Ruder laufen, müssen Sie als Agentur die notwendigen Voraussetzungen schaffen. Dazu kann zum Beispiel ein stringentes Reporting gehören, bei dem exakt die Stunden pro Kunde erfasst werden müssen und wo Sie den entsprechenden Mitarbeitern auch die zur Verfügung stehenden Stunden vorgeben. Sie sollten sich außerdem genau ansehen, welche Prozesse Mehrfacharbeiten verursachen:

- Sind bei Kick-off-Meetings alle Mitarbeiter am Tisch?
- Müssen Fragen, die hier beantwortet werden, nicht mehrfach geklärt werden?

- Trifft man sich zu Meetings wirklich nur dann, wenn diese notwendig sind, und meetet man nur so lange, wie dies wirklich erforderlich ist? Meetings im Stehen, ohne Getränke und ohne „Konfi-Kekse“ können dazu erheblich beitragen.
- Ist das erforderliche Wissen für einen Job vorhanden und für alle erreichbar?
- Ist sichergestellt, dass einmal in die Agentur gebrachtes Wissen auch dort bleibt und zugänglich ist?
- Sind die nächsten Schritte geklärt und ist eindeutig klar, wer was bis wann zu liefern hat?
- Sind die einzelnen Jobs durchdacht? Nichts ist schlimmer, als während eines Meetings vom Kunden mitgeteilt zu bekommen, dass der unterbreitete Vorschlag nicht funktioniert – sei es aus Gründen, die gebrieft wurden oder aus branchenbezogenen Gründen, die man als Agentur eigentlich kennen sollte.

Bei umfangreichen Projekten oder bei Kunden mit sehr vielen Projekten müssen Sie sich auch fragen, ob die herkömmlichen Mittel der Kostenrechnung ausreichen. Gerade wenn die Gemeinkosten sehr hoch sind, kann die Prozesskostenrechnung helfen. Diese nicht direkt zuordenbaren Kosten werden normalerweise entweder nicht berücksichtigt oder nach einem definierten Schlüssel prozentual aufgeteilt. Eine solche Zuordnung ist aber nicht zwingend verursachungsgerecht. Auch mit diesem Instrument können Sie auf eine Zuordnung mittels Zuschlägen nicht vollständig verzichten. Aber indem Sie die Gemeinkosten den ablaufenden Prozessen über die mengenmäßige Inanspruchnahme von Teilprozessen zuordnen, können Sie diese willkürliche Zuordnung verringern.

7.2 Struktur des Einkaufs

Schaut man sich an, wie der Einkauf beziehungsweise das Procurement auf Kundenseite aufgebaut ist, so findet man bemerkenswerte Unterschiede. So hat in manchen Unternehmen eindeutig der Einkauf die Federführung inne. Wenn Sie als Agentur mit einem solchen Unternehmen ins Gespräch kommen wollen, läuft bereits dieser erste Schritt über den Einkauf. Das Procurement erhält von der Fachabteilung die Informationen über geplante Projekte und der Einkauf führt die Erstgespräche mit den Agenturen. Auch der Empfang verweist Sie, wenn Sie sich nach dem richtigen Ansprechpartner für das Marketing erkundigen, an einen Mitarbeiter aus dem Einkauf. Es sei aber angemerkt, dass dieser Ablauf bisher nur bei den wenigsten Unternehmen etabliert ist. Auch wenn dies nach außen hin so kommuniziert wird, müssen Sie hinterfragen, ob dies auch wirklich dem Innenverhältnis entspricht. Schließlich kann der Einkauf so auch seinen Einfluss demonstrieren.

Weit öfter sitzt der erste Ansprechpartner immer noch in der Marketingabteilung. Hier wird entschieden, mit welcher Agentur man zusammenarbeiten möchte, und der Einkauf hat die Aufgabe, die Preise zu optimieren. Doch am weitesten verbreitet dürfte ein kooperatives Vorgehen zwischen Einkauf und Fachabteilung sein. Bei einer solchen Lösung haben beide Seiten ein Vorschlagsrecht. Die Marketingabteilung wird sich vor allem mit den fachlichen Fragen befassen und der Einkauf wird sich um die Kosten kümmern. Bei einem Pitch wird der Einkauf schon sehr früh mit in die Arena treten. Unterschiedlich sind auch die Einflussmöglichkeiten des Einkaufs auf die verschiedenen Kommunikations-Instrumente zu bewerten. So ist zum Beispiel das Sponsoring kein klassisches Einkaufsthema, da kein vergleichbarer Anbietermarkt hergestellt werden kann. Anders verhält es sich mit Printobjekten. Gerade bei hohen Auflagen kann hier der Einkauf günstigere Konditionen erreichen. Wenn der Einkauf eine Art Consulting-

Funktion hat, bringt es dem Unternehmen am meisten. Wird die Position des Einkaufs zu stark – und so haben auch die Procurement-Mitarbeiter aus großen Unternehmen argumentiert –, so führt dies in den meisten Fällen zu einem negativen Ergebnis.

Betrachtet man die entsprechenden Mitarbeiter in den Einkaufsabteilungen, so findet man ein sehr heterogenes Bild. Auf der einen Seite gibt es Kollegen, die zuvor auf Agenturseite gearbeitet haben. Sie waren meist in der Beratung oder in der Produktionsabteilung tätig. Man findet aber auch Mitarbeiter, die aus dem Marketing kommen und daher ebenfalls wissen, wie eine Agentur funktioniert. Sind solche Einkäufer die Ansprechpartner, so hat man als Agentur den großen Vorteil, dass man die gleiche Sprache spricht. Außerdem können diese Mitarbeiter Angebote verstehen und grundsätzlich einschätzen. Haben es diese Mitarbeiter allerdings in einer Agentur nicht weit gebracht und sind daher in den Einkauf gewechselt, so kann das für eine Agentur recht schwierig sein. Denn diese Einkaufsmitarbeiter wollen es den Agenturen oft „so richtig zeigen".

Hat man es hingegen mit Menschen zu tun, die bisher noch keine Berührungspunkte mit Agenturen und deren Arbeitsweise hatten, ist dies für Agenturen ebenfalls oft unangenehm. Dieses Nichtwissen auf Kundenseite wird manchmal noch dadurch verschärft, dass die Fachgebiete der Einkäufer bewusst oft wechseln, um keine intensiveren Berührungspunkte zu schaffen. Noch extremer und schwieriger wird es, wenn Einkäufer nicht nur Schrauben eingekauft haben, sondern die werbetreibende Seite zudem versucht, nur keine persönlichen Aspekte oder Sympathien zuzulassen. Dieser Wunsch, die Bestechungsgefahr zu minimieren, ist durchaus verständlich. Doch hier kann man nur an die entsprechenden Unternehmen appellieren, ein besseres Verständnis zum Arbeiten der Agenturen zu ermöglichen. Denn sonst lässt sich das Ziel der besten Konditionen zum besten Job nicht erreichen.

7.3 Einflussmöglichkeiten auf den Einkauf

[redacted] mit dem Einkauf.

[redacted]ot vorbereiten.

[redacted]uf den Einkauf Einfluss nehmen und was sind seine mo-[redacted]s wirklich verhandelbar ist, hängt davon ab, wie hoch der [redacted] konzeptionelle Anteil der Agenturleistung ist. Besteht die Aufgabe zum Beispiel darin, eine neue Broschüre zu gestalten, so sind die Verhandlungsmöglichkeiten bei vielen Konzernen sehr gering. Hier gibt es meist eine Preisliste, die in vielen Fällen auch berücksichtigt, ob die Agentur Texte vom Kunden gestellt bekommt und diese optimieren soll, oder ob es ein Textbriefing gibt. In diesem Fall muss sich die Agentur mit den Kosten der Preisliste abfinden. Es muss wahrscheinlich nicht extra betont werden, dass diese Preise nicht wirklich hoch sind. Eine Ursache für dieses „Friss oder Stirb" liegt auch darin begründet, dass es einfach sehr viele Agenturen gibt, denen man grundsätzlich eine solche Leistung zutraut. Ist daher eine Agentur nicht bereit, nach den Preisen der Liste zu arbeiten, so lässt sie sich schnell ersetzen. Klar ist aber auch, dass sich ein solches Verhalten nur sehr große Unternehmen mit einer entsprechenden Marktmacht leisten können.

Neben den reinen Preisen kann man dann auch nicht über die sonstigen Konditionen verhandeln. Das bezieht sich weniger auf die Zahlungsziele als auf die Frage, wie viele Korrekturläufe in den entsprechenden Kosten berücksichtigt sind. Dies ist zum einen deswegen wichtig, weil Agenturen meist von höchstens drei Korrekturgängen ausgehen. Zum anderen treiben Korrekturschleifen per se Kosten in die Höhe. Dies wissen auch die werbetreibenden Unternehmen und einige begrenzen die Zahl der Korrekturdurchgänge in ihren Preislisten nicht. Dies macht es natürlich den Agenturen nahezu unmöglich, die entsprechenden Stunden zu schätzen – auch wenn die Einkaufsabteilung argumentiert, dass sich im Laufe mehrerer Jobs die Anzahl der Korrekturgänge im Durchschnitt auf drei einpendelt. Einen solchen Job sollte man als Agentur nur dann annehmen, wenn die entsprechenden Mitarbeiter andernfalls nichts zu tun hätten.

Mit solch günstigen Preislisten und einseitigen Konditionen kann ein einflussreiches Unternehmen gut arbeiten, wenn es mit eher kleinen Agenturen zu tun hat. Hier riskiert der Auftraggeber auch bei geringen Kosten nicht, unerfahrene Leute zu bekommen, da der Kunde schon aus Referenzgründen gehalten werden soll. Genau dies kann aber bei Networks oder größeren inhabergeführten Agenturen passieren. Denn bei diesen Strukturen wird man einem geizigen Kunden nur solche Mitarbeiter zur Verfügung stellen, die nicht nur wenig kosten, sondern auch ebenso wenig Erfahrung und Know-how haben.

Kleinere Agenturen setzen auch darauf, den gewonnenen Markenkunden als Referenz zu verwenden. „Wenn ich mit einer kleineren Agentur zusammenarbeite, so will ich auch wenig zahlen, da diese Leute unser Unternehmen einsetzen, um neue Kunden zu gewinnen", so ein Einkäufer eines großen Unternehmens.

Wie schon erwähnt, existieren solche Preislisten bei leicht standardisierbaren Arbeiten, wie etwa Broschüren. Aufträge, die mehr strategische und kreative Leistung benötigen, können nicht über solche Instrumente eingekauft werden. Hier muss ein individuelles Pricing gefunden werden – und dafür gibt es unterschiedliche Möglichkeiten:

Angebote auf Briefing-Grundlage abgeben: Dies ist wohl der bekannteste Weg. Das werbetreibende Unternehmen gibt ein Briefing und führt darin die einzelnen Projekte genau auf. Die Agenturen geben auf dieser Grundlage ein Angebot ab. Viele Einkäufer sehen in einem solchen Vorgehen das Problem, dass die Angebote sehr unterschiedlich beschrieben werden und daher schwer vergleichbar sind.

Zusätzliche Tabelle: In einem weitergehenden Schritt werden die oben erwähnten Grundlagen beibehalten, aber man fügt eine Tabelle bei, in der für die entsprechenden Qualifikationsstufen die dafür notwendigen Stunden oder Tage eingetragen werden.

Zusätzliche Matrix: Bei großen Aufträgen und entsprechenden Planungszeiträumen werden als weitere Dimension die unterschiedlichen Projekte aufgeführt.

Lieferantenbewertung

In Unternehmen, in denen hauptsächlich das Marketing über Agenturen entscheidet, werden Lieferanten eher unsystematisch bewertet. Dies ändert sich meist, wenn der Einkauf die Bühne betritt. Eine entsprechende Bewertung fördert nämlich sowohl Wettbewerb als auch Transparenz. Bei großen Unternehmen werden diese Bewertungen ein Mal im Jahr durchgeführt. Darunter fallen auch Dienstleister wie Agenturen; sie müssen dazu allerdings einen bestimmten Jahresumsatz überschreiten. Die Bewertungskriterien sollten dabei für alle Lieferanten im indirekten Einkauf die gleichen sein – nur so werden die Ergebnisse vergleichbar.

Ein Bewertungs-Bogen für Agenturen kann etwa so aussehen:

Anbieter: ____________________

Tätigkeit des Anbieters (Beschreiben Sie hier kurz, welche Tätigkeiten der Lieferant durchgeführt hat):

____

____

____

Gesamtaufwand des Projekts: _____ **Dauer der Geschäftsbeziehung:** _____

Subjektive Zufriedenheit mit den Leistungen des Anbieters:

	schwach	ausreichend	zufriedenstellend	gut	sehr gut	exzellent
Kreativität	☐	☐	☐	☐	☐	☐
Beratung	☐	☐	☐	☐	☐	☐
Termintreue	☐	☐	☐	☐	☐	☐
Beziehung	☐	☐	☐	☐	☐	☐
Flexibilität	☐	☐	☐	☐	☐	☐
Kosten-bewusstsein	☐	☐	☐	☐	☐	☐
Leistung	☐	☐	☐	☐	☐	☐

Wichtigkeit der genannten Kriterien für diese Leistung:

	komplett unwichtig	unwichtig	wichtig	sehr wichtig
Kreativität	☐	☐	☐	☐
Beratung	☐	☐	☐	☐
Termintreue	☐	☐	☐	☐
Beziehung	☐	☐	☐	☐
Flexibilität	☐	☐	☐	☐
Kostenbewusstsein	☐	☐	☐	☐
Leistung	☐	☐	☐	☐

Ist der Anbieter weiterzuempfehlen:

☐ Uneingeschränkt ☐ Eingeschränkt ☐ Weniger

Abbildung 13: Erstes Beispiel, wie Agenturen vom Einkauf eines werbetreibendes Unternehmens meistens ein Mal im Jahr bewertet werden

Etwas ausführlicher ist die folgende Darstellung:

Kriterium	**Gewichtung**	**Punktzahl** 0 bis max. 100	**evaluation CATEGORY BUYER: Name:**	**evaluation Department Name Department: Name Evaluator:**
Qualität Strategie Kreativität Produktion/Abwicklung Zusammenarbeit im Tagesgeschäft Added Value	20 %			
Logistik Termintreue Liefert nach den Vorgaben (Qualität) Liefert gemäß dem Workflow Beachtet die EK-Bedingungen	20 %			
Preis Preistransparenz Einhaltung der vorgegebenen Preise/Standards Overhead-Kosten Preiserhöhungen/Zuschläge Sonderkosten	20 %			
Compliance Compliance Konformität Handelt nach den Werten	10 %			

Kriterium	Gewichtung	**Punktzahl** 0 bis max. 100	**evaluation CATEGORY BUYER: Name:**	**evaluation Department Name Department: Name Evaluator:**
Support/Beratung Account Management: Kapazität/Erreichbarkeit Kontakter: Kapazität/ Erreichbarkeit fachliche Qualifikation Beratungskompetenz zeigt Optimierungs-potenziale auf	15 %			
Allgemein/output Firmenbeschreibung D&B Auskunft D&B Frühwarnmeldungen 1. Firmenbeschreibung 2. Kennzahlen 3. Marktposition 4. Unternehmens-philosophie	15 %			
Ergebnis	100%	2.600		
Kommentar:				

Abbildung 14: Zweites Beispiel, wie Agenturen vom Einkauf eines werbetreibenden Unternehmens meistens ein Mal im Jahr bewertet werden

Wie wichtig ein Lieferant wirklich ist, lässt sich dann im Rahmen einer Matrix veranschaulichen. Diese kann zum Beispiel folgendermaßen aussehen:

Abbildung 15: Portfoliodarstellung der Wichtigkeit von Lieferanten (Die meisten Agenturen werden zu den kleinen Lieferanten gehören. Auch wenn dies nicht der Fall ist, können sie meist schnell gewechselt werden, da die dazu nötigen Briefingtools gerade bei den großen Unternehmen im Netz verfügbar sind).

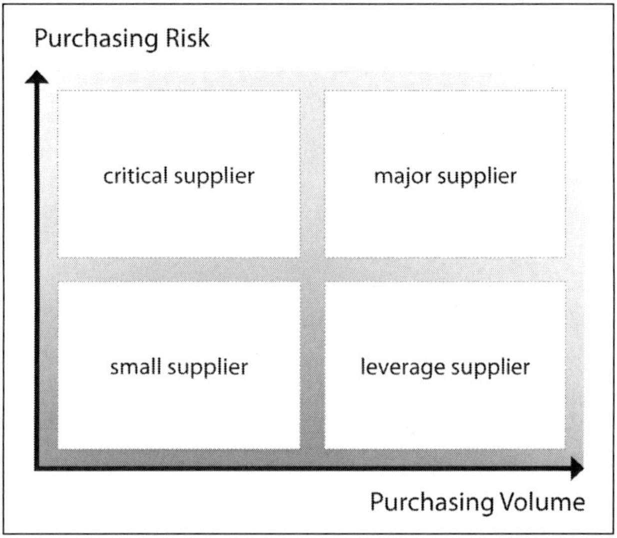

Interessant ist eine Betrachtung dieses Diagramms im Hinblick auf die Wichtigkeit von Kommunikations-Agenturen. Sowohl in Bezug auf das Einkaufsvolumen als auch bezüglich des Versorgungsrisikos würde man Agenturen eher in der Nähe des linken unteren Quadranten ansiedeln. Diese „Unwichtigkeit" der Kommunikation ist sehr bedeutsam, gerade wenn man sich überlegt, für wie bedeutsam und unersetzlich sich viele Menschen auf Agenturseite halten. Dabei sieht die Realität doch so aus: Wenn ein Industrieunternehmen seine Produkte nicht herstellen kann, weil ein Lieferant eine Komponente nicht liefert, so hat es unter Umständen ein wirkliches Problem. Wenn das gleiche Unternehmen eine gewisse Zeit nicht gut von seiner Agentur betreut wird, ist dies vielleicht höchstens ärgerlich.

Die Tricks der Einkäufer

- Das kann ich leider nicht alleine entscheiden. Man wird nicht sofort sagen können, ob der Gesprächspartner wirklich nicht alleine entscheiden kann. Man kann hier darum bitten, dass man den Vorgesetzten direkt anruft.
- Friss oder stirb: Hier stellt man die Agentur insoweit vor vollendete Tatsachen, als man zum Beispiel von einem anderen Dienstleister ein Angebot vorliegen hat, das man eigentlich annehmen möchte. Man stellt die Agentur vor die Wahl, entweder einen besseren Preis zu machen oder man kommt nicht ins Geschäft.
- Scheibchenweise: Wenn es sich um ein komplexeres Projekt handelt, macht es keinen Sinn, den gesamten Betrag auf einmal reduzieren zu wollen. Hier wird man als Einkäufer so vorgehen, dass man die einzelnen Posten jeweils um einen kleinen Betrag reduzieren will.
- Diese Bedingung gilt für alle Dienstleister: Zum Beispiel mit den Einkaufsbedingungen gibt man einen Rahmen vor, der für alle gilt und nicht zu ändern ist. Mit einem solchen Trick tut man so, als ob sich daran nichts ändern lässt.
- Täuschen: Von der Politik wird manchmal gesagt, dass man sich, wenn es in der Innenpolitik sehr schwierig wird, auf die Außenpolitik konzentriert und dort Erfolge erreicht. Eine vergleichbare Taktik schlagen Einkäufer ein, wenn sie ein bestimmtes Ziel erreichen wollen, dies aber erst an zweiter Stelle verhandeln. Zuerst stürzen sie sich auf einen Nebenkriegsschauplatz um sich dort auszutoben. Erst wenn dies passiert, kommt das eigentliche Ziel ins Visier.
- Good Guy/Bad Guy: Hier hat man es mit zwei Einkäufern oder einem Einkäufer und einem Mitarbeiter aus dem Markting zu tun. Der eine will eigentlich (oder gibt dies zumindest vor) mit der Agentur zusammenarbeiten, der andere schlägt harte Töne an.

7.4 Richtig verhandeln

Bei den Gesprächen mit dem Einkauf wurde immer wieder die Meinung geäußert, dass die Geschäftsführer von Agenturen nicht gut im Verhandeln sind. Deshalb hier einige Hinweise:

- Finden Sie heraus, welche Stellung und Funktion der Einkauf im Unternehmen hat. Wer macht was, gerade in Abgrenzung zum Marketing?
- Klären Sie, mit welchem Einkäufer Sie es zu tun haben. Ist er ein reiner Preisdrücker oder sieht er den Wert der Agenturleistungen? Kennt der Einkauf den Prozess in Agenturen?
- Ist der Einkauf bereit, für alle agenturüblichen Leistungen zu zahlen? Wenn nicht, müssen Sie diese anders abrechnen können. Zeigen Sie dies auf.
- Kennen Sie Ihre Zahlen und Kosten, zeigen Sie Transparenz.
- Bieten Sie auch Transparenz in der Abrechnung und im regelmäßigen Reporting der anfallenden Kosten.
- Zeigen Sie, wie Sie mit Lieferanten umgehen. Beweisen Sie, dass Sie auch bei Lieferanten das beste Preis-Leistungs-Verhältnis erreichen wollen und nicht an die Maximierung Ihrer Gewinne denken.
- Gewinnen Sie Flexibilität, indem Sie sich nicht auf ein Ziel festlegen. Zeigen Sie auf, wie Leistungen variiert werden können, wenn bestimmte Kosten zu hoch erscheinen.
- Überlegen Sie, ob es Möglichkeiten für ein Bonus-System gibt. Dies ist sicherlich im Online-Bereich einfacher als offline.
- Sprechen Sie über das Erreichen von Milestones und nicht über ein Gesamtergebnis, das sie primär knacken wollen.
- Wenn Sie sich alle Begründungen des Einkaufs angehört haben, loben Sie sein schwächstes Argument. Wenn Sie dies ausgiebig getan haben, widerlegen Sie es.

- Geben Sie die Sicherheit, dass ein Job auch unter schwierigen Umständen zu Ende gebracht wird. Zeigen Sie dies anhand nachvollziehbarer Fälle aus der Vergangenheit.
- Stellen Sie das Team vor, mit dem der Kunde im täglichen Geschäft arbeiten wird, und lassen Sie die Mitarbeiter zu Wort kommen. Sie dürfen keinesfalls nur Statisten sein, man wird sie besser kennenlernen wollen.
- Fahren Sie nicht in einem Porsche vor.

7.5 Einkauf und New Business von Agenturen

Fragt man die Mitarbeiter von Einkaufsabteilungen, wie sie die New-Business-Aktivitäten von Agenturen bewerten, so wird immer wieder der Punkt genannt, dass man gerade kleineren Agenturen den Ansatz der integrierten Kommunikation nicht glaubt. Vielmehr raten ihnen die Einkäufer, sich auf einige wenige Schwerpunkte zu konzentrieren. Auch Konzerne kaufen heute eine kleinere Agentur dann ein, wenn es um spezielle Aufgaben geht. Vielmehr sind sich die Unternehmen bewusst, dass das heutige Aufgabenspektrum viel zu breit ist und ein viel zu tiefes Wissen erfordert, als dass eine kleinere Agentur alle Lösungen anbieten könnte. Der Einkauf sucht also immer mehr Spezialisten – ein Trend, der sich in Zukunft noch verstärken wird. Eine Ausnahme sind – wie oben beschrieben – immer noch die Networks.

Ähnlich schwierig sieht man die Bemühungen von vielen Agenturen, mit einem werbetreibenden Unternehmen ins Gespräch zu kommen. Einkauf und Marketing erhalten so viele Mappen, dass die verantwortlichen Personen überhaupt keine Chance haben, sich damit im Detail auseinanderzusetzen. Immer noch versuchen die Agenturen, über den Ansatz „Wir sind eine tolle Agentur und deswegen sollten wir mal reden!“ einen Ersttermin zu erreichen. Derartige Unterlagen wandern meist direkt in den Papierkorb. Ähnlich ineffizient ist der Einsatz von Call-Centern. Als besonders problematisch wird hier gesehen, dass deren Mitarbeiter kaum Fachwissen haben und daher schon beim ersten kritischen Nachfragen keine fundierte Antwort geben können. Ebenso bedenklich ist, dass hier so gut wie nie ein spezifischer Ansatz gewählt wird, was auch deswegen nicht möglich ist, weil die Anrufenden nicht das nötige Fachwissen haben. Immer wieder wies der Einkauf auch darauf hin, dass Agenturen ihre Gesprächs-Chancen stark verbessern, wenn sie sich auf ein Optimierungsfeld beim potenziellen Neukunden fokussieren.

Viele Agenturen sind der Meinung, dass es zu bestimmten Zeiten des Jahres bessere Möglichkeiten gibt, um mit einen neuen Kunden ins Gespräch zu kommen. So soll sich etwa der Herbst besonders gut eignen, weil dann die Unternehmen für das nächste Jahr planen. Die Gespräche mit dem Einkauf haben das aber nicht bestätigt. Natürlich gibt es eine Jahresplanung, aber es gibt immer Projekte im operativen Geschäft, die von Agenturen abgearbeitet werden müssen. Deshalb können Agenturen eigentlich immer neue Kunden gewinnen – außer zur Sommer- oder Weihnachtszeit.

7.6 Ohne professionellen Einkauf

Auch bei Unternehmen, die keinen auf werbliche Dienstleistungen spezialisierten Einkauf haben, steigt selbstverständlich der Kostendruck. Diese Firmen haben allerdings den Nachteil, dass sie Agenturen und deren Prozesse weniger verstehen. Denn der Einkauf kauft hier heute Agenturleistungen ein und morgen Handtücher. Eine typische Frage aus solchen Unternehmen ist zum Beispiel, warum sie denn bei einem Mehr an vergebenen Projekten keine oder nur sehr geringe Rabatte erhalten können. Diese Mitarbeiter übertragen ihre Toilettenpapier- und Schrauben-Welt eins zu eins auf

Agenturleistungen und können nicht verstehen, dass man als Agentur jedes neue Projekt wieder neu in die Hand nehmen muss. Bei einer solchen Konstellation können Sie den Einkäufern nur immer wieder erklären, wie man in Agenturen arbeitet und wie die Abläufe sind. Unerfahrene Einkäufer können auch den zeitlichen Aufwand der einzelnen Schritte im Rahmen eines Projektes nur schwer verstehen. Schließlich sieht man es einer Headline oder einer Copy nicht an, wie viel Zeit in ihnen steckt.

Ähnlich schwierig gestaltet es sich, wenn man es mit einem scheinbar kleinen Projekt zu tun hat, das aber einen sehr hohen Bedarf an Spezifikation hat – etwa im Druckverfahren oder in der Oberflächenbeschaffenheit. Unprofessionelle Einkäufer sehen hier den Briefing-Bedarf nicht und können auch nur schwer verstehen, dass vermeintlich kleine Änderungen einen großen Einfluss auf die Kosten haben.

Als Agentur kann man zwar immer wieder erklären, wie bestimmte Prozesse ablaufen, aber man stößt hier schnell an die Grenzen des Machbaren. Hier sind die Unternehmen selbst gefordert, ihren Einkauf so zu schulen, dass er die Arbeitsweise von Agenturen versteht. Empfehlenswert ist auch die Einstellung von Mitarbeitern mit Agenturerfahrung. Denn diese bringen von vornherein das nötige Know-how mit. Obwohl sich viele Beratungsunternehmen auf den Einkauf spezialisiert haben, findet man für die Agenturleistungen nur ganz vereinzelt Fachleute.

Sag mal, wie sollte man Kreativität eigentlich vor dem gestiegenen Kostendruck beurteilen beziehungsweise damit umgehen?

Kreativität kann kein Selbstzweck sein und auch kein Ziel, das man für den Kunden erreichen will. Eine Agentur ist ein Unternehmen – deshalb muss es ihr Hauptziel sein, mit jedem Job Geld zu verdienen. Ein Auftrag kann sich daher immer nur im Dreiecksverhältnis von Zeit, Kosten und Qualität abspielen.

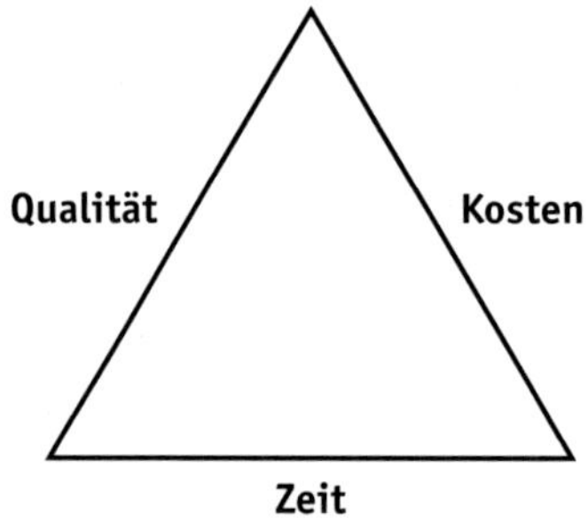

Abbildung 16:
Die Kanten des Qualität-, Kosten- und Zeit-Dreiecks

Die Kanten dieses Dreiecks verhalten sich wie korrespondierende Röhren. Möchte ein Kunde eine hohe Qualität in der Gestaltung haben, aber sein Budget nicht anpassen, so hat dies eine längere Jobdauer zur Folge. Möchte ein Kunde bei gleicher Qualität einen Job früher abgewickelt haben, so muss er dafür mehr Geld zahlen.

Eine Agentur hat sich mit ihrem Kunden über das Budget eines Projektes geeinigt, nachdem sie nochmals mit spitzem Bleistift die Kosten nach unten korrigiert hat. Der Kunde forderte daraufhin aber, dass der Job sehr viel früher fertiggestellt werden sollte. Dann hätte man in der Agentur jedoch am Wochenende arbeiten und/oder freie Mitarbeiter ins Boot holen müssen. Beides sind letztendlich Faktoren, die die realen Kosten in die Höhe treiben. Wir reden dabei nicht nur von „Servicezuschlägen" für Wochenendarbeit, sondern von tatsächlichen Mehrkosten.

Eine Agentur muss sich immer überlegen, wie sich die Veränderung einer Kantenlänge auf die Längen der zwei verbleibenden Kanten auswirkt. Wenn der Kunde eine sehr hohe Qualität erwartet und diese in einer besprochenen Zeit nicht zu entsprechenden Kosten bezahlen kann, so kann man als Agentur unter normalen Umständen diesen Job nicht annehmen. Aber eine Agentur kann nur dann richtig entscheiden, wenn sie ihre Kostensituation kennt.

7.7 Beschaffung via Internet

Noch schwieriger wird es für Agenturen, wenn sie ihre Leistungen im Web anbieten müssen. Gemeint sind internetbasierte Plattformen, wo Einkäufer Angebote einholen, mit neuen Lieferanten in Kontakt kommen können und vieles mehr. Diese Plattformen sind entweder firmenindividuelle Lösungen oder es handelt sich um Software, wo mehrere Unternehmen einkaufen und sich dazu einfach anmelden müssen. Grundsätzlich unterscheidet sich der elektronische Weg nicht von Briefpost oder Mail. Auch hier wird ein Briefing zur Verfügung gestellt – entweder einem begrenzten Lieferantenkreis oder allen angemeldeten Dienstleistern. Bezahlt wird der Service vom ausschreibenden Unternehmen oder von den Lieferanten, etwa bei der Angebotsabgabe. Bedarf das Briefing noch einer weiteren Klärung, so kann diese telefonisch oder per Mail erfolgen. Wann es zu einem persönlichen Gespräch kommt, entscheidet der Einkauf. Gegenwärtig werden nur wenige marketingrelevante Angebote über diesen Weg eingeholt. Meist handelt es sich um sehr gut spezifizierbare Leistungen. Kleineren Agenturen bietet dieser Weg den Vorteil, dass sie auch mit potenziellen Neukunden ins Gespräch kommen, mit denen sie zum Beispiel aufgrund zu weiter Entfernung nie in Berührung gekommen wären.

Die Unterschiede zu den herkömmlichen Beschaffungswegen liegen auf der Hand: Der Einkauf erhält viel schneller ein Ergebnis und kommt mit Lieferanten in Kontakt, denen er sonst nie begegnen würde. Außerdem lassen sich revisionssichere Angebote einholen. Für die Lieferanten hingegen – und dies ist der größte Unterschied – steigen der Wettbewerb und die Transparenz extrem stark an. Schließlich kann man je nach System und dessen Auslegung erkennen, welcher Wettbewerber um wieviel günstiger war und wie sich Angebote verändern. Allerdings bleiben die Namen der konkurrierenden Anbieter verborgen und es wird nur der Gesamtpreis der einzelnen Angebote angezeigt. Die Agentur kann daher nicht sehen, was in den Angeboten jeweils enthalten ist. Sind Autorenkorrekturen inkludiert und wenn ja, in welcher Anzahl? Wenn ein Shooting notwendig ist, wie hoch sind die Kosten dafür?

Als eine Besonderheit der elektronischen Angebotseinholung sind Reverse-Auctions zu nennen. Hierbei handelt es sich um eine zum günstigsten Preis gerichtete Versteigerung. Sinnvollerweise wird man diese Möglichkeit nutzen, wenn man zwei gleich teure Angebote vorliegen hat. Agenturen kann man nur raten, dann an einer solchen Versteigerung teilzunehmen, wenn sie die Sicherheit haben, dass es nicht nur auf den niedrigsten Preis ankommt. Wenn dies der entsprechende Einkauf allerdings so bestätigt, beißt sich die Katze in den Schwanz, da man ja eine Versteigerung durchführt, um einen möglichst günstigen Preis zu erzielen. Als kleine Entwarnung sei angemerkt, dass Versteigerungen bei Agenturleistungen noch sehr selten sind.

7.8 Was darf Werbung kosten?

Status: Angebot vorbereiten.

Die Frage, was eine Agenturstunde kosten darf, konnte man bis vor einigen Jahren noch sehr einfach beantworten. Man schaute sich die Stunden- und Tagessätze des Wettbewerbs an und orientierte sich daran. Für bestimmte Leistungen gab es einen pauschalen Aufschlag. So einfach funktioniert die Welt heute nicht mehr, vor allem, seit der Einkauf an Macht gewonnen hat.

Klar ist, dass das Pricing für jeden Kunden individuell vorgenommen werden muss. Ist der eine bereit, für die strategische Planung zu zahlen, ist für den anderen das Projektmanagement eine kostenlose Serviceleistung. Bei einem starken Einkauf muss die Agentur vielleicht sogar über Bonus-Malus-

Lösungen nachdenken. Gerade im Sommer 2009 sorgt zum Beispiel ein Vorstoß von Coca-Cola für Aufregung. Das Unternehmen will seine Agenturen auch im Offline-Bereich mit einem Bonus bezahlen, wenn die vereinbarten Ziele erreicht werden. Geschieht dies nicht, bekommt die Agentur nur die Spesen erstattet. Diese Diskussion ist nicht neu und wurde auch schon Ende des letzten Jahrzehnts geführt. Vor dem Hintergrund der Krise und des gestiegenen Kostendrucks bekommt sie aber neue Kraft. Was sich seinerzeit nicht durchsetzen ließ, wird jetzt mehr Erfolg haben. Auch in Deutschland werden momentan entsprechende Modelle eingeführt. Dazu müssen sich aber nicht nur die Agenturen bewegen. Vielmehr müssen gerade auch die werbetreibenden Unternehmen wichtige Schritte setzen:

- Die Unternehmen müssen zuerst ein eindeutiges Briefing entwickeln, das die Ziele und die Art der Zielerreichung klärt. Eine Zielgruppenbeschreibung „von 14 bis 55 Jahren" wird dem nicht gerecht. Schaut man sich die meisten Briefings an, gehen sie weit an den Erfordernissen vorbei.
- Die Agentur muss mitentscheiden können, und zwar so essenziell, dass bestimmte strategische und operative Maßnahmen von der Agentur abhängen. Sieht man sich an, wie Entscheidungen heute getroffen werden, so sind die notwendigen Veränderungen nur schwer vorstellbar.
- Eine erfolgsabhängige Honorierung wird es zwar öfter geben, sie wird aber stark vom Kommunikations-Instrument abhängen. Dies funktioniert bei einer Verkaufsförderungsaktion sehr viel besser als bei einer Imagekampagne.
- Eine zu starke Betonung des erfolgsabhängigen Honorars wälzt das kaufmännische Risiko zu stark auf die Agentur ab. Der Dienstleister wird also ein begründetes Interesse daran haben, den Erfolgsteil eher gering zu halten.

- Eine zentrale Frage ist die Messbarkeit von Erfolgen und auch, wer diese Messung durchführt. Ein vom Kunden beauftragtes Marktforschungsinstitut wird dabei nicht unbedingt das Vertrauen der Agentur genießen. Ebenso klärungsbedürftig ist die Wahl des eingesetzten Messinstruments.
- Lässt man sich als Agentur auf den Ansatz der erfolgsabhängigen Honorierung ein, so muss auch geklärt werden, wie die vom Kunden immer wieder gern betonte Partnerschaftlichkeit tatsächlich gelebt wird. Man muss zum Beispiel die Frage beantworten, wie man mit neuen wirtschaftlichen Situationen und Entscheidern umgeht.
- Man muss auch überlegen, wie erfolgsträchtig ein Produkt ist. Schaut man sich die Floprate von neuen Produkten an, so muss man als Agentur äußerst vorsichtig sein.

Aus den oben aufgeführten Stichworten wird auch klar, dass längst nicht alle Unternehmen eine erfolgsabhängige Honorierung im Offline-Bereich durchführen können. Denn nur die großen Markenartikler haben die Möglichkeiten und die Ressourcen dazu. Für viele kleinere werbetreibende Unternehmen, die ja jetzt schon Probleme haben, den Prozess von Agenturen zu verstehen, wird es schlicht unmöglich sein, etwa die Frage der Erfolgskontrolle zu lösen.

Für den Online-Bereich sind erfolgsabhängige Vergütungsmodelle bereits üblich. Hier wird nach Klicks bezahlt oder dann, wenn ein Produkt oder eine Dienstleistung gekauft wurde. Aber auch hier wird die Entwicklung weitergehen. Wenn Al Gore recht hat, wird sich sowohl das Modell von Kreativ-Agenturen als auch von Media-Agenturen dramatisch ändern. Der frühere US-Vizepräsident ist Mitgründer von Current TV. Wie die Zeitschrift Ad Week auf ihrer Webseite vom 03. Juni berichtet, geht Gore davon aus, dass zukünftig mehr und mehr Spots von den Nutzern selbst produziert und ins Netz gestellt werden. Er nennt dies VCAM (Viewer Created Ad Messages). Die Nutzer erhalten dazu von den Unternehmen Informationen wie ein Briefing (!) und Logos. Laut Gore sind diese Spots viel beliebter als die Werbesendungen. Für die werbetreibenden Unternehmen hätte eine solche Herstellungsweise auch noch einen großen Kostenvorteil: Sie müssten nur einen Bruchteil des herkömmlichen Produktionsaufwandes bezahlen. Wenn diese Art der Kommunikation an Bedeutung zunimmt, wird sich auch die Rolle der Agenturen ändern. Sie werden nicht mehr die Kreativen sein, sondern sich zu Brokern und Markenwächtern entwickeln. Betrachtet man die Erfahrungen, die hierzulande etwa von der Bild-Zeitung im Bereich der von Nutzern entwickelten Botschaften gemacht wurden, so breitet sich bezüglich der Gore'schen These Skepsis aus.

Zur Basisausstattung gehört mittlerweile eine individuelle Preisliste, die sich auch intern in die Agentur fortsetzen muss. Will der Kunde bestimmte Leistungen nicht bezahlen, obwohl sie für die Projektdurchführung notwendig sind und auch tatsächlich von der Agentur erbracht werden, so muss dies auch intern abgebildet werden. Ich habe aus genau diesen Gründen darauf verzichtet, Preislisten von unterschiedlichen Agenturtypen hier darzustellen. Diese Standards sind mittlerweile bedeutungslos und müssen von Fall zu Fall angepasst werden.

Markenartikler verlangen von kleineren Agenturen immer wieder, besonders günstig zu arbeiten. Schließlich stelle man ja eine verkaufsfördernde Referenz dar. Wenn die Agentur dann bestenfalls auf eine schwarze Null kommen würde, muss sie eine solche Forderung zurückweisen. Jeder, der nicht erst seit gestern in der Werbung arbeitet, wird von früheren Stationen die entsprechenden Kunden als Referenz darstellen können.

Bei der Preisbildung ist aber auch die wirtschaftliche Situation der Agentur zu berücksichtigen. Ist sie gerade zuwenig ausgelastet, kann sie auch zu Preisen anbieten, die gerade noch positive Deckungsbeiträge erzielen. In normalen Zeiten müssen aber alle Gemeinkosten plus Gewinnzuschlag gedeckt werden.

Gut zu wissen

Eine Angebots-Kalkulation besteht aus den folgenden Bausteinen: Die totalen Zeitkosten sind das Ergebnis der Stundenanzahl pro Mitarbeiter multipliziert mit dem jeweiligen Stundensatz (inklusive Overheads). Hinzu kommen die direkt zurechenbaren Fremdkosten für dieses Angebot (zum Beispiel die Reisekosten). Das Ergebnis zeigt die Verhandlungsgrenze nach unten an. Verkaufen Sie das Projekt zu diesem Preis, machen Sie keinen Gewinn. Diesen müssen Sie noch auf den Preis aufschlagen, um zum Angebotspreis zu kommen. Geht man nur von den reinen Zeitkosten aus (ohne Overheads und Gewinn), so gibt dies die absolute Untergrenze an.

Immer wieder haben mich werbetreibende Kunden um Projektangebote von Agenturen gebeten. Da man aus diesen Angeboten wertvolle Erkenntnisse gewinnen kann, gebe ich sie hier anonymisiert wieder:

Im Folgenden wird zuerst das Briefing für eine Mitarbeiterzeitschrift angeführt. Hier wurden vier Dienstleister gebeten, ein Angebot abzugeben. Im nächsten Schritt sollte sich die Agentur mit dem besten Preis-Leistungs-Verhältnis mit dem nachfragenden Unternehmen treffen und das Projekt anstoßen. Nach dem Briefing stelle ich die anonymisierten Angebote dar.

1. Projekt-Kalkulation

Es sollte ein Mitarbeitermagazin entwickelt und produziert werden, um Mitarbeiter zu binden und neue zu gewinnen sowie die Marke zu stärken. Es werden zwölf monatliche Ausgaben veröffentlicht. Die Bild- und Farbwelt sowie die entsprechende Ästhetik der ersten Ausgabe müssen weitergeführt werden. Die Zeitschrift sollte 88 Seiten (!) umfassen; gedruckt wird in vierfarbigem Offsetdruck (Klebebindung, A4) mit einer Auflage von 20.000 Exemplaren.

Als Text sollen circa 18 bis 20 Artikel in einer Länge von 3.500 Wörtern einschließlich Leerzeichen erarbeitet werden. Die Agentur wird für die Lieferung der entsprechenden Dateien verantwortlich sein. Zehn Seiten sollen mit Werbung belegt werden; wer diese Anzeigen akquiriert, muss noch geklärt werden. Es sollen 24 Stockbilder pro Ausgabe verwendet werden. Fünf Bilder werden nach Bedarf von einem professionellen Fotografen geliefert. Fünf Bilder werden „in-house" von der Agentur mit digitalen Mitteln produziert. Für alle Fotos gelten Nutzungsrechte für Deutschland und die Vereinigten Staaten für drei Jahre.

Eine genaue Beschreibung der Umsetzung folgte.

1. Sehr kleine inhabergeführte Agentur:

Konzeption und Gestaltung	
Konzeption und Gestaltungsaufbau	1.064 Euro
Gestaltung Cover Erstausgabe	456 Euro
Gestaltung und Umsetzung Innenseiten	1.824 Euro
Redaktion, Bildbearbeitung, Handling	
Text, redaktionelle Arbeiten	2.508 Euro
Fotomaterial	532 Euro
Druck-Handling, Vorbereitung und Übermittlung	0 Euro
Entwurfsvergütung netto	**6.348 Euro**
Sonstiges	
Layout-Korrekturen	46 Euro/Stunde
Text	46 Euro/Stunde
Bild	je nach Bedarf
Grafiker	76 Euro/Stunde

Kommentar: Mit den angegebenen Kosten ist ein solches Projekt nicht realisierbar. Das Unternehmen hat bei einer diesbezüglichen Diskussion dem Dienstleister nicht geglaubt, dass er dies zu diesem Preis leisten kann.

2. Inhabergeführte Agentur, die Teil eines internationalen Networks ist

Einmalige Leistungen	12.000 Euro
Heftkonzept: Inputmeeting inklusive Zielgruppenanalyse und grundsätzlicher Planungen	7.400 Euro
Grafisches Grundkonzept	4.600 Euro
Leistungen pro Ausgabe	**58.600 Euro**
Redaktionskonzept und Projektmanagement Text	6.000 Euro
Organisation und Projektmanagement Grafik	6.000 Euro
Neuerstellung aller Texte	31.500 Euro
Grafik Konzeption	12.300 Euro
Grafik: technische Leistungen	2.850 Euro

Kommentar: Diese Kosten scheinen nachvollziehbar. Da es sich um eine Agentur mit einer gewissen Größe handelt, besteht die Gewähr, dass sie ein solches Projekt abwickeln kann.

3. Ein Medienverlag, der auch Corporate Publishing anbietet

Einmalige Leistungen	**3.800 Euro**
Inputmeeting inklusive Zielgruppenanalyse und grundsätzlicher Planungen	1.800 Euro
Entwicklung Grundlook	2.000 Euro
Leistungen pro Ausgabe werden hier nicht als Betrag ausgewiesen, da dies auch der Anbieter nicht getan hat.	
Komplettproduktion pro Seite	680 Euro
Anzeigentechnik pro Seite	50 Euro
Fotos aus unserem Archiv pro Bild	45 Euro
Bildcollage pro Stück	150 Euro

Kommentar: Da die Kosten sich in etwa im Rahmen halten, müsste man hier nochmals über Details sprechen.

4. Inhabergeführte Agentur, die neben Corporate Publishing auch klassische Kommunikation anbietet

Einmalige Leistungen	**44.000 Euro**
Grundkonzept	35.000 Euro
Redaktionsplan/Abstimmung	9.000 Euro
Leistungen pro Ausgabe	**56.670 Euro**
Umsetzung der einzelnen Seiten	32.680 Euro
Text/Redaktion	14.000 Euro
Projektmanagement und Kontakt	4.400 Euro
Reinzeichnung	5.590 Euro

Kommentar: Auffällig sind die im Vergleich zum Wettbewerb sehr hohen einmaligen Kosten. Die Agentur konnte nicht glaubhaft machen, dass diese Summe gerechtfertigt ist.

Zusammenfassung: Dieses Beispiel zeigt, dass es heftige Ausschläge sowohl nach oben als auch nach unten geben kann. In diesem Falle hat man der günstigsten Agentur nicht geglaubt, dass sie ein solches Projekt auch wirklich stemmen kann. Auch die Ausschläge nach oben sind in dieser Höhe sicherlich ein k.o.-Kriterium. Es bildet sich aber auch ein mittleres Preisgefüge heraus, in dem sich die meisten Anbieter bewegen.

2. Projekt-Kalkulation

Der folgenden Kalkulation liegt eine Anfrage eines werbetreibenden Unternehmens zugrunde, das seine Food-Produkte über den Lebensmittel-Einzelhandel (LEH) vertreibt. Die Aufgabe: Konzeption und Umsetzung einer Fachhandelsanzeige. Das Unternehmen wollte dieses Projekt von einigen Agenturen kalkuliert haben, um dann mit ausgewählten Dienstleistern über eine Zusammenarbeit zu sprechen.

Erstes Beispiel (kleine inhabergeführte Agentur):

Die erste Agentur ist ein inhabergeführtes Unternehmen mit einer Mitarbeiterzahl im unteren zweistelligen Bereich. Die Agentur bietet erstaunlicherweise alle Kosten zu einem einheitlichen Stundensatz von 125 Euro an, unterscheidet also nicht zwischen Geschäftsführung, Art Direction oder Reinzeichnung. Damit würden für das oben beschriebene Projekt folgende Kosten anfallen:

Agenturleistung	
Gestaltung	1.500 Euro
Beratung	750 Euro
Konzept	500 Euro
Bildbearbeitung	500 Euro
RZ-Produktion	375 Euro
Leistungen pro Ausgabe	**3.625 Euro**
Fotografie: Inklusive Art Direction, Fotograf und dessen Assistenten; Nutzungsrechte: Europaweit für 1 Jahr	
Fotokosten	**6.000 Euro**
Gesamtkosten	**9.625 Euro**

Kommentar: Grundsätzlich lässt sich sagen, dass ein Einheits-Stundensatz nicht zur Transparenz beiträgt; man kann der Agentur nur raten, nachvollziehbarer zu kalkulieren. Der Kunde fragte sich hier außerdem, ob die Agentur überhaupt Erfahrung im LEH und der entsprechenden Fachkommunikation hat. Denn bei einer Fachanzeige, die Produkte in den Handel verkaufen soll, ist überhaupt kein Shooting nötig. Als Abbildung reicht in der Regel ein Produktschuss, der meist beim werbetreibenden Unternehmen vorhanden ist und nur überarbeitet werden muss. Viel wichtiger ist bei einem solchen Auftrag die entsprechende Idee.

Zweites Beispiel (mittelständische Agenturgruppe)

Dieses Angebot stammt von einem spezialisierten Agenturteil, der sich auf das Thema Verkaufsförderung und Handelsmarketing konzentriert. Das bekannte Briefing führte zu den folgenden Kosten:

Beratung	
Geschäftsführung: 3 Stunden à 220 Euro	660 Euro
Projektmanager: 6 Stunden à 110,-- Euro	660 Euro
Kreation	
Chief Creative Officer: 2 Stunden à 190 Euro	380 Euro
Art Direktor: 5 Stunden à 110 Euro	550 Euro
Copywriter: 3 Stunden à 110 Euro	330 Euro
Reinzeichnung, Lektorat, Produktion bis zur Erstellung der DU	
DTP: 1 Stunde à 80 Euro	80 Euro
Lektorat: 1 Stunde à 75 Euro	75 Euro
Produktion: 2 Stunden à 90 Euro	180 Euro
Gesamte Honorarkosten	**2.915 Euro**
Fotografie	
Fotokosten inklusive Foodstylisten	ca. 3.400 Euro
Litho	
Bildbearbeitung nach Postproduktion durch den Fotografen	ca. 450 Euro

Kommentar: Mehr als erstaunlich ist, dass die Beratung fast genauso viele Stunden auf diesem Job arbeitet wie die Kreation. Die teuer bezahlten Beiträge der Geschäftsführung werden einem Kunden überhaupt nicht klar. Die meiste Arbeit wird sicherlich in der Kreation geleistet, aber dieser Schwerpunkt wird hier nicht eindeutig klar. Der Gesamtpreis ist aber sehr günstig.

Gesamtkosten für die Anzeige	**ca. 6.765 Euro**

Drittes Beispiel (Network-Agentur)

Entwicklung des Grundkonzeptes der Anzeige auf Basis von verschiedenen Layoutvarianten inklusive aller Copyrights für uneingeschränkte, europaweite Nutzung für ein Jahr	10.500 Euro
Fotoshooting Fotokosten inklusive Foodstylisten	4.000 Euro
Grundreinzeichnung und Litho	2.750 Euro
Projektabwicklung, Produktionssteuerung etc.	750 Euro
Gesamtkosten für die Anzeige	**ca. 18.000 Euro**

Kommentar: Hier gilt ähnliches, wie schon oben beschrieben. Erschwerend kommt noch hinzu, dass die Agentur offenbar von Kosten ausgeht, die jenseits von Gut und Böse liegen. Dies wird auch im Wettbewerbsvergleich deutlich, wenn auch die bisherigen Beispiele eher am unteren Ende der Preisskala liegen. Die höheren Preise mögen auch darin begründet sein, dass die Agentur Teil eines Networks ist. Auch auf telefonische Nachfrage wurde nochmals betont, dass diese Preise so absolut o.k. sind und dass alles, was günstiger ist, keine Qualität sein könnte. Aber das ist natürlich Nonsens.

Viertes Beispiel (kleine Agentur)

Entwicklung einer Hineinverkaufs-Argumentation inklusive Beratung und Abstimmung: 12 Stunden à 174 Euro	2.100 Euro
Entwicklung Layout und Text auf Basis Freigabe Stufe 1 inklusive drei Arbeits- und Abstimmungsstufen: 20 Stunden à 125 Euro	2.500 Euro
Illustration der Verkaufsidee: 12 Stunden à 145 Euro	1.740 Euro
Satz, Reinzeichnung, Lektorat und Litho: Pauschal	1.600 Euro
Projektabwicklung/Produktion: 8 Stunden à 125 Euro	1.000 Euro
Gesamtkosten	**8.940 Euro**

Kommentar: Obwohl diese Agentur preislich nicht die günstigste war, hat sie diesen Job bekommen. Den Kunden hat überzeugt, dass diese Agentur als einzige den Schwerpunkt auf die Entwicklung einer Reinverkaufs-Idee gelegt hat. Während alle anderen ihre Texter und Artdirektoren verkaufen wollten, sollte sich hier jemand hinsetzen und überlegen, wie man denn überhaupt verkauft. Dies zeigt sich am besten daran, dass diese Agentur auf ein Shooting verzichtet hat; stattdessen hat sie auf bestehendes Material beim Kunden zurückgegriffen.

3. Projekt-Kalkulation

Das dritte Beispiel stammt aus dem Bereich des Direktmarketings. Hier wollte ein werbetreibendes Unternehmen an einer Messe teilnehmen und benötigte dazu von einer Agentur die Gestaltung eines 20-Gramm-Mailings für die Messe-Einladung. Nach dieser ersten Stufe sollte außerdem noch eine E-Mail verschickt werden. Für beide Produkte sollte die Agentur nur die Angebote für die Gestaltung abgeben, nicht auch noch für die Produktionskosten.

Das Unternehmen wollte außerdem in der Stadt, in der die Messe stattfindet, mit Plakaten präsent sein, sodass auch noch die Kosten für die Gestaltung von zwei Motiven angeführt werden sollten.

Erstes Beispiel

Briefing, Rebriefing, Ausarbeitung des Grundkonzeptes	2.375,90 Euro
Ausarbeitung eines technischen Konzeptes für ein 20-Gramm-Mailing, Seitenaufriss, Aufarbeitung und Recherche des Inhaltes, Erstellung von Text und Layout auf Basis des freigegebenen Plakatmotives, weitere Bildrecherche, Bildauswahl, Abstimmung von Text und Layout in zwei Korrekturdurchgängen, Satz, Satzkorrekturen in zwei Durchgängen, Reinzeichnung, Art Buying, Beratung und Abstimmung mit den Lieferanten, Produktionsüberwachung	3.975,00 Euro
Gesamtkosten	**6.350,90 Euro**

Kommentar: Hier bewegt sich der Preis im unteren Bereich. Erstaunlich ist allerdings, dass man offensichtlich das gebriefte Mailing überhaupt nicht angeboten hat. Bei einem solchen Lapsus glaubt man der Agentur nicht mehr unbedingt, dass sie ein Projekt fehlerfrei durchführt.

Zweites Beispiel

Kreativkonzept (Selling Idea, exemplarisches Visual)	8.800 Euro
Kreative Umsetzung bis zur Reinzeichnung für	
Plakat (Hauptmotiv)	2.090 Euro
Plakat (Adaption)	1.254 Euro
Akquisemailing	6.405 Euro
E-Mailing	1.100 Euro
Kosten	**10.849 Euro**
Gesamtkosten	**19.649 Euro**

Kommentar: Der Preis ist am oberen Ende des Spektrums angesiedelt, auch wenn alle Zahlen nachvollziehbar erscheinen.

Drittes Beispiel

Messe-Einladung BtB, 20-Gramm-Mailing: Konzept, Text und Gestaltung bis zum Präsentations-Layout, DTP-Satz inklusive Lektorat bis zur Datenabgabe auf CD, per ISDN oder FTP-Server	6.800 Euro
Großflächen BtC, 2 Motive: Konzept, Text und Gestaltung bis zum Präsentations-Layout, DTP-Satz inklusive Lektorat bis zur Datenabgabe auf CD, per ISDN oder FTP-Server	1.600 Euro
Gesamtkosten	**8.400 Euro**

Kommentar: Auch hier hat man offensichtlich die Mails vergessen. Die Agentur hat auch gleich beim ersten Telefonat erwähnt, dass sie eigentlich nur Direktmarketing könne und keine wirkliche Erfahrung mit Plakaten habe. Das führte wahrscheinlich zu der hohen Preisdifferenz zwischen Plakat und Mailings. Die Agentur hätte in diesem Fall am besten ganz auf ein Angebot verzichten sollen.

Was können Sie tun, wenn Sie mit einem möglichen Neukunden schon lange Zeit in Kontakt sind, dieser aber nicht zu bewegen ist, einen Kostenvoranschlag zu unterschreiben? Sie können weiterhin anrufen und Briefe schreiben. Oder Sie schicken ein Schweine-Mailing. Dann wissen Sie wenigstens, ob ein weiterer Kontakt sinnvoll ist oder nur Kosten verursacht.

Glück im Spiel ...

von Oliver Goller, Geschäftsführer, brand 2, Friedrichsdorf

... oder Pech im Kontakt – dachten wir uns und kreierten das Mailing mit folgendem Mechanismus:

Nach vielfältigen Anbahnungsversuchen und Gesprächen mit nicht aktiven Kunden über „Hätte, Könnte, Wenn und Aber“ bestand für uns die Anforderung der Qualifizierung dieser Kontakte. Das Mailing erfolgte als Endpunkt einer Serie von Anbahnungsversuchen, die zwar nie kundenseitig als unangenehm, aber bislang immer ohne ein echtes Ergebnis geblieben waren.

Der Kunde, das vielfältige Wesen, wurde hiermit angesprochen, zum Mitmachen aufgefordert und mit einem saumäßigen Gewinn angelockt. Die Resonanz: keine!
Für uns nun der Anlass – wenn auch vielleicht nur auf Zeit – den Schlussstrich zu ziehen und an anderen Mailings für interessierte, potenzielle Kunden zu arbeiten.

Das Schweine-Mailing hat für uns also seinen Dienst getan. Wir haben (ausgewählte) nicht aktive Kontakte ausgewertet und eins ist auch zukünftig klar: Erhält ein Unternehmen von uns ein solches Mailing, kann auch ganz schnell Schluss sein. Ja oder Nein entscheidet der Angesprochene selbst. Der Kunde ist ja schließlich König. Und wenn er nicht antwortet. Pech! – denn für uns zählt jede Stimme im Testverfahren „Nicht-mal-für-geschenkt?“!

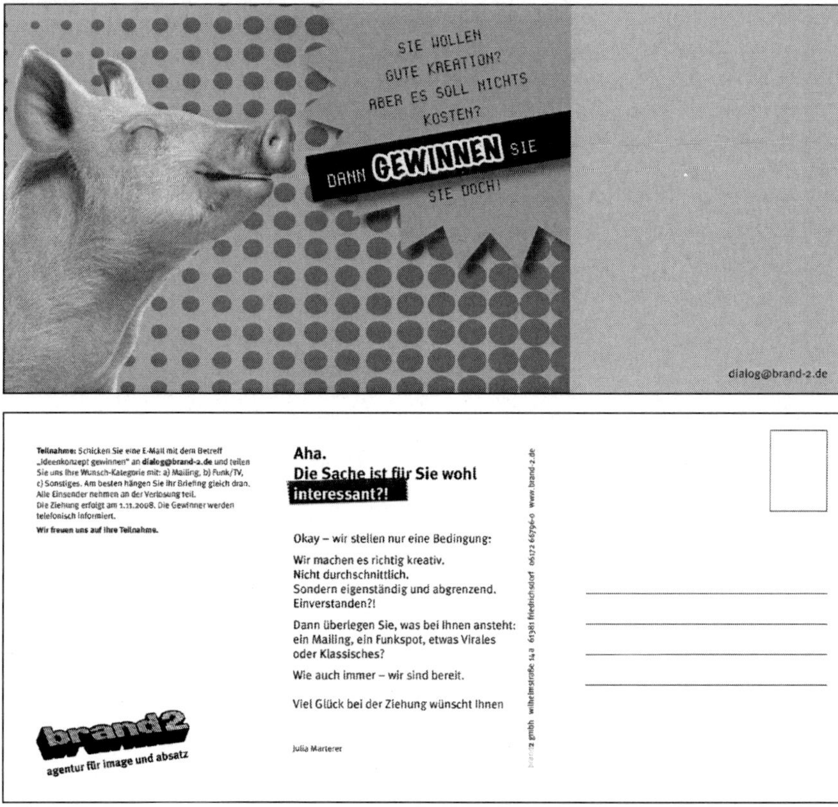

Abbildung 17: Vorder- und Rückseite des Schweine-Mailings (Quelle: brand 2)

8.

Pitch oder nicht Pitch – das ist die Frage

Der Pitch wird immer mehr zur ersten Wahl, wenn ein Unternehmen eine neue Agentur sucht. In einigen Unternehmen ist er quasi vorgeschrieben. „Mein Eindruck ist, dass immer mehr Kunden selbst dann pitchen lassen, wenn sie eine neue Broschüre brauchen. Das hat überhaupt keinen Sinn und vergeudet auf allen Seiten wertvolle Ressourcen. Werbetreibende Unternehmen müssen sich einfach bewusst sein, dass auch sie einen Aufwand haben, wenn sie einen ordentlichen Pitch zustande bringen wollen", so der Geschäftsführer einer großen Agentur. Wenn aber auch die Werbetreibenden Geld und Zeit in die Hand nehmen müssen, wenn sie richtig pitchen wollen – warum geht fast nichts mehr ohne?

Im letzten Jahrhundert hat das Marketing noch eigenständig über seine Dienstleister entschieden. Der Marketingleiter war in diesem Sinne ein Fürst. Aber das hat sich in den vergangenen Jahren grundlegend geändert. So ist nicht nur der Einkauf mächtiger geworden, auch die interne Revision und ein starkes Controlling dürfen nicht unterschätzt werden. Kurz und gut: Die internen Kontrollmechanismen sind viel stärker geworden und Revisionssicherheit spielt eine immer wichtigere Rolle. Heute kann es sich weder ein Marketingleiter noch ein Einkäufer in einem Konzern erlauben, sich ohne fundierte Begründung für einen Dienstleister zu entscheiden. Und genau dies erreicht man am besten durch einen Pitch – deswegen wird so oft gepitcht.

Sag mal, kann man eigentlich einen Pitch verhindern und ohne eine solche Veranstaltung einen Job bekommen?

In sehr großen Unternehmen befindet sich nur eine begrenzte Zahl an Agenturen im Pool und der Ablauf einer Agenturentscheidung ist streng geregelt. Hat der Einkauf aber kein Veto-Recht, und dies wird vor allem bei kleineren Unternehmen der Fall sein, können Sie schon über eine gute Beziehung zum Marketingleiter ohne Pitch zu einem Job kommen. Dies ist natürlich auch für das werbetreibende Unternehmen vorteilhaft: Es muss kein Geld für den Pitch ausgeben – und dabei denke ich weniger an die Honorare, die nicht gezahlt werden müssen, sondern an die Arbeitsstunden pro Mitarbeiter. Schließlich müssen diese ein Briefing schreiben und der Agentur schicken. Kann man hier einen Teil vom Honorar abziehen und so eine Win-Win-Situation erreichen, ist beiden geholfen.

Außerdem gibt es gerade in der Agenturbranche mit ihren geringen Eintrittsbarrieren zahlreiche Wettbewerber. Bei so vielen ähnlichen Anbietern müssen die Unternehmen noch genauer schauen, wer der richtige Partner ist. Um dies zu erreichen, ist der Pitch aus Marketing- und Einkäufersicht ein gutes Instrument.

Für die Agenturen allerdings hat sich durch die vielen Pitches die Kostensituation verschärft, denn sie bekommen heute nur in Ausnahmefällen ein kostendeckendes Pitch-Honorar. Immer häufiger wird erwartet, dass sie kostenlos an einer Wettbewerbspräsentation teilnehmen. Ein Beispiel: Ende 2008 wollte eine Agentur von unterschiedlichen werbetreibenden Unternehmen nur ein ordentliches Briefing haben und aufgrund dessen strategische Ansätze liefern. Es erwies sich als außerordentlich schwer, mit diesem Ansatz beim Marketing ins Gespräch zu kommen. Denn die meis-ten Ansprechpartner haben es wohl als völlig normal empfunden, dass die Agentur für eine solche Leistung kein Geld bekommt. „Finden Sie das wirklich einen so tollen Ansatz? Da hätte ich jetzt aber etwas anderes erwartet. Was glauben Sie eigentlich, wie viele Agenturen mit einer solchen Idee auf mich zukommen?!“

Agenturen müssen sich also sehr gut überlegen, bei welchen Pitches sie mitmachen und bei welchen sie lieber außen vor bleiben und sich auf andere Dinge konzentrieren. Der folgende Text soll dazu eine Entscheidungshilfe bieten.

Pitch-Teilnahme – ja oder nein

Zahl der Teilnehmer

Wie viele Agenturen nehmen an dem Pitch teil? Sind es maximal vier, so sollten Sie sich beteiligen. Wenn Sie die Teilnehmerzahl nicht kennen, erfragen Sie sie. Das sollte kein Problem sein, und es ist auch vollkommen legitim, zumindest die Anzahl der Wettbewerber zu erfahren.

Die Studie „Der Kunde bittet zum Pitch" wurde im März 2007 veröffentlicht und einige Monate vorher durchgeführt; zu Zeiten also, als es um die Konjunktur ganz gut bestellt war. Umso erstaunlicher ist es, dass auch in einer solch guten Wirtschaftslage die Pitch-Situation gleich geblieben ist beziehungsweise sich verschlechtert hat.

Qualität des Briefings

Ist die Briefingqualität so, dass Sie ordentliche Ergebnisse abliefern können, oder haben Sie eher das Gefühl, Sie müssen sich das Briefing selber schreiben? Ist es vielleicht sogar noch schlimmer, und Sie erhalten einige Informationen, die Ihrem Ansprechpartner gerade einfallen? Ist das Letztere der Fall, nehmen Sie eher nicht teil.

Ziel des Pitches

Haben Sie eine Chance, den Pitch zu gewinnen, oder hat man ein solches Projekt nur ins Leben gerufen, um der etathaltenden Agentur ein wenig „Feuer unter dem Hintern" zu machen? Steht also der Sieger eigentlich schon fest? Können Sie herausfinden, ob die etathaltende Agentur am Pitch

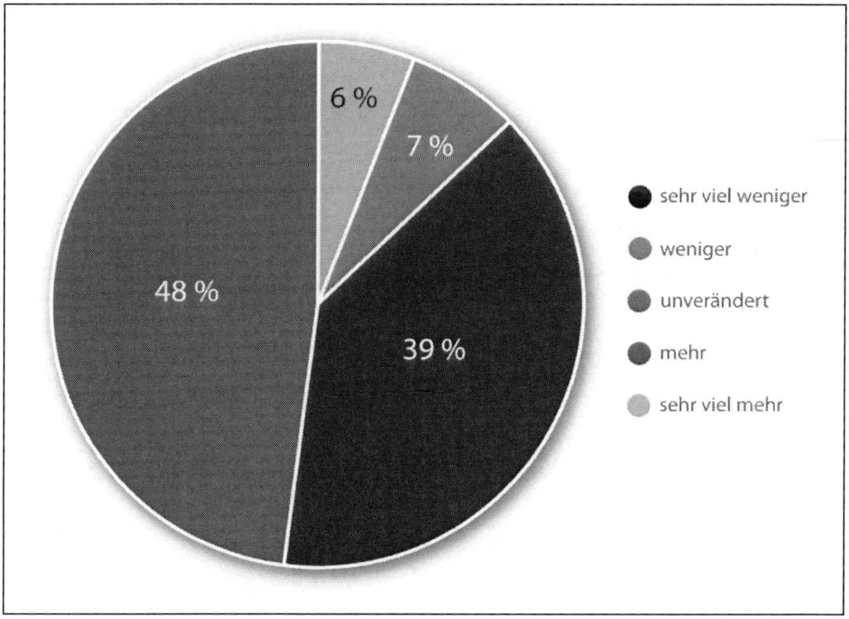

Abbildung 18: Antworten im Rahmen der Studie: „Der Kunde bittet zum Pitch!" auf die Frage: „Um einen Etat sollten nicht mehr als vier Agenturen pitchen. Hat sich die Anzahl der mit-pitchenden Agenturen verändert?"

teilnimmt? Beteiligen Sie sich an einer solchen Veranstaltung nur, wenn Sie wirklich gewinnen können.

Person, die den Pitch ausrichtet

Ist der ausrichtende Ansprechpartner ein Entscheider, sodass der Sieger des Pitches auch den Etat gewinnt? Immer häufiger gibt es zwar einen Sieger, aber der Etat bleibt trotzdem eingefroren. Das kann unterschiedliche Gründe haben. Entscheidend ist aber, dass Sie die Sicherheit haben, dass der Ausrichter auch wirklich den Etat vergeben kann und keine „Sachbearbeiter-Funktion" hat. Zweifel müssen hier geklärt werden, auch wenn Sie dies nicht immer unbedingt durch eine direkte Frage herausfinden können. Dazu gehört auch, dass der Einkauf gegebenenfalls mit im Boot ist.

Zeit bis zur Präsentation

Haben Sie genug Zeit, um gerade bei kreativen Aufgaben Lösungen erarbeiten zu können? Ein heftiger Zeitdruck ist eher ein Signal für den Ausstieg.

Gibt es gerade bei großen Projekten Rebriefing, Schulterblick usw.?

Sie müssen Ihre Fragen mit dem Ansprechpartner persönlich klären können – nicht nur bei kleineren Projekten. (Hier können Sie auch nochmals überprüfen, ob der Ansprechpartner der richtige ist.) Wird ein Rebriefing fernmündlich abgehalten oder müssen Sie Ihre Fragen gar per Mail senden, um dann auf dem gleichen Weg eine Antwort zu erhalten, ist das kein gutes Zeichen. Wenn man einen Pitch veranstaltet, so muss man sich als ausschreibendes Unternehmen auch die Zeit nehmen, auftretende Fragen persönlich zu beantworten. Wenn Ihre Fragen nur per Mail beantwortet werden, sollten Sie an dem Pitch nicht teilnehmen.

Welche Kosten werden erstattet?

Der GWA zum Beispiel gibt seinen Mitgliedern vor, nur gegen Honorar an einem Pitch teilzunehmen. Das entspricht aber nicht der Realität. Auch wenn überhaupt kein Honorar gezahlt wird, kann dies nicht unbedingt ein Argument gegen eine Beteiligung sein. Aber wenn Sie es sich leisten können, sollten Sie nur an honorierten Pitches teilnehmen.

Wie wird mit Copyrights umgegangen?

Der Umgang mit den Copyrights von Konzepten und Ausarbeitungen ist eine entscheidende Frage bei Pitches. Dies ist unabhängig davon, wer gewinnt. Immer öfter findet man die Bestimmung, dass die Arbeiten aller pitchenden Dienstleister in den Besitz des ausrichtenden Unternehmens übergehen. Dies ist unter keinen Umständen akzeptabel. Denn so könnten selbst Arbeiten, die nicht gewonnen haben, mit der bestehenden Agentur ausgearbeitet und finalisiert werden.

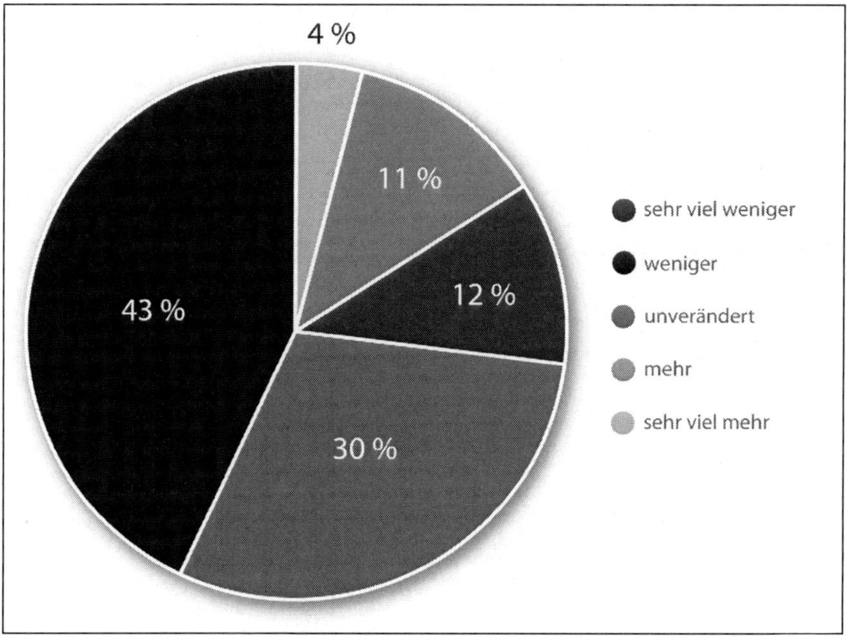

Abbildung 19: Antworten im Rahmen der Studie: „Der Kunde bittet zum Pitch!" auf die Frage: „Kostenlose Pitches sind verpönt. Hat sich aus Ihrer Sicht die Bereitschaft verändert, einen Pitch zu honorieren?"

Wie oft wird gepitcht?

Pitches sollten eher selten eingesetzt werden. Es zeigt sich aber immer wieder, dass dies bei einigen werbetreibenden Unternehmen manchmal überhaupt nicht der Fall ist. Spannend ist es immer zu wissen, wann zuletzt im fraglichen Etat gepitcht wurde. Vorsicht ist dann geboten, wenn der letzte Pitch noch nicht lange her ist und es auch davor keine lange Verschnaufpause gegeben hat.

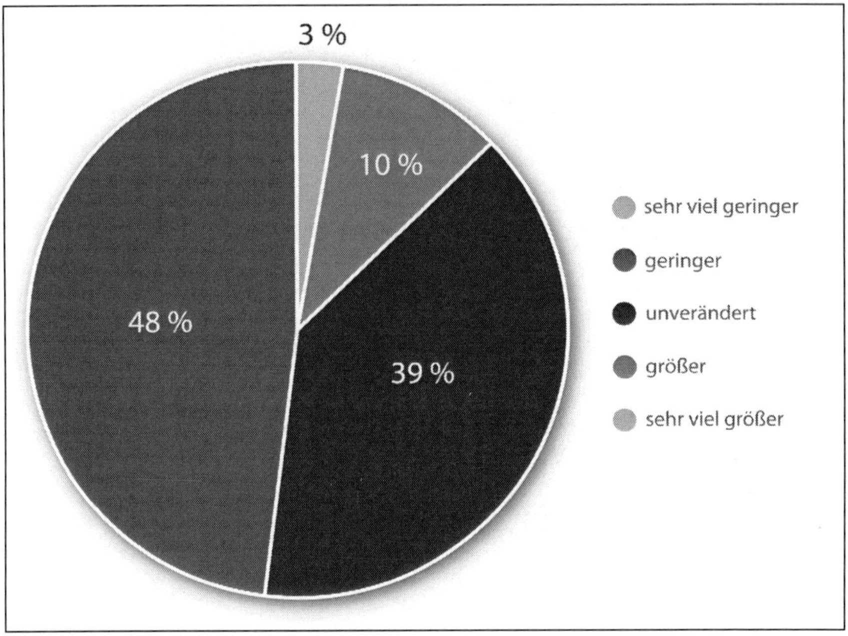

Abbildung 20: Antworten im Rahmen der Studie: „Der Kunde bittet zum Pitch!" auf die Frage: „Kostenlose Pitches sind verpönt. Hat sich aus Ihrer Sicht die Bereitschaft verändert, einen Pitch zu honorieren?"

Angenommene Entwicklung des potenziellen Neukunden

Gibt es Schätzungen darüber, wie sich das Geschäft mit dem ausrichtenden Unternehmen entwickeln kann? Dies kann sich auf das Projekt beziehen, um das gerade gepitcht wird. Es können aber auch Überlegungen dahingehend sein, dass Sie vielleicht weitere Etats betreuen werden oder, wenn es nur um klassische Kommunikation geht, weitere Instrumente einsetzen können. Ist hier die mittelfristige Schätzung positiv, werden Sie vielleicht auch dann teilnehmen, wenn Sie vorerst nur wenig an Geschäft generieren können.

Handelt es sich um einen Kunden mit „kreativem Potenzial"?
Beim Pitch eines Unternehmens, das fast nur Adaptionen benötigt und dessen Arbeiten Sie auch nicht bei Kreativ-Shows einreichen können, werden Sie eher nicht teilnehmen. Können Sie aber Kreativpreise gewinnen, freuen sich auch die Kollegen aus der Kreation über diesen Pitch.

Ist der Einkauf, wenn er entscheidend ist, mit im Boot?
Wenn der Einkauf nicht involviert ist und das Marketing unabgestimmt ein Projekt lostritt, so ist das bittere Ende quasi vorprogrammiert. Sprechen Sie in solchen Fällen aktiv mit Einkauf. Tun Sie das nicht, kann das Projekt auch nach einer positiven Entscheidung nicht verwirklicht werden.

Gut zu wissen

Die oben genannten Kriterien haben eine unterschiedliche Gewichtung. Deshalb sollen sie hier nochmals kurz aufgelistet werden:

Entscheidende Kriterien

- Zahl der Teilnehmer
- Ziel des Pitches
- Briefing-Qualität
- Copyrights
- Rebriefing, Schulterblick (bei größeren Projekten)

Wichtige Kriterien:

- Vergütung des Pitches
- Ausrichter des Pitches
- Pitchfrequenz
- Zeit bis zur Präsentation
- Rebriefing, Schulterblick (bei kleineren Projekten)

Weniger wichtige Kriterien:

- Kreatives Potenzial
- Mittelfristiges Potenzial

Präsentation/Pitch – rechtliche Aspekte

von Christoph Kolonko, LL.M., Rechtsanwalt, Kanzlei Kolonko & Dammeier, Frankfurt am Main

1.

Der Weg zu einem neuen Kunden führt häufig über eine Präsentation. Nach einem Briefing durch den potenziellen Kunden präsentiert die Agentur ihre Werbeidee und die ersten Rohentwürfe, wie sie sich die Durchführung der Werbeidee vorstellt. Dabei kann es sich um eine Einzelpräsentation handeln oder um eine Wettbewerbspräsentation, einen Pitch, zu dem der Kunde mehrere Agenturen einlädt.

Die Präsentation stellt eine rechtlich sensible Situation für die Agentur dar. Die Agentur offenbart dem Kunden ihre Ideen für einen neuen oder geänderten Werbeauftritt, ohne dass sie schon einen Auftrag vom Kunden oder zumindest irgendeine verbindliche Vergütungsvereinbarung in den Händen hat. Ob sie den Auftrag überhaupt erhält, ist zu diesem Zeitpunkt ebenfalls nicht sicher. Die Agentur kann sich auch nicht mit Sicherheit darauf verlassen, dass das Urheberrecht an ihrer Seite steht und eine Nutzung der präsentierten Ideen und Vorlagen in identischer oder nahezu identischer Form zuverlässig verhindert. Dabei ist folgendes zu berücksichtigen:

Das Urheberrecht entsteht nicht durch eine Eintragung in ein Register und es ist deshalb auch nicht auf einfache Weise nachweisbar. Anders als Patente, Gebrauchsmuster oder Marken, die mit ihrer Registrierung Schutz erlangen, gilt dies nicht für das Urheberrecht, jedenfalls nicht im europäischen Bereich. Es existiert kein Urheberrechtsregister. Das Urheberrecht entsteht mit dem Schöpfungsakt, also mit der Erstellung eines urheberrechtlichen Werkes.

Daraus folgt, dass die Entscheidung, ob ein urheberrechtliches Werk vorliegt, also eine „individuell geprägte schöpferische Leistung", schlussendlich erst von einem Richter eines Zivilgerichts getroffen wird – das auch oft erst von dem Richter der letzten Instanz in einer Kette mehrerer Instanzen. Es ist ein langwieriger Weg, der dazu noch von der jeweiligen Erfahrung und Qualifikation des Richters abhängt. Hier gilt oft der landläufige Satz: Vor Gericht und auf hoher See ist man in Gottes Hand. Das allerdings gilt nicht nur für die Agentur, sondern ebenso für den Kunden, wenn er bestreiten will, dass ein urheberrechtliches Werk vorliegt.

Es kommt hinzu, dass die bloße Idee nicht geschützt ist. Der mündliche Vortrag, in dem die Agentur ihre Idee darlegt, begründet noch kein Urheberrecht für die Idee. Erst die Realisierung der Idee in einem Scribble oder in einem Rohentwurf kann als ein Werk angesehen werden. Geschützt nach dem Urheberrechtsgesetz sind zum Beispiel Schriftwerke, Musikwerke, Lichtbildwerke (Fotos) oder ein Werk der „angewandten Kunst". Zu Letzterem wird die gewerbliche Werbung gezählt. Werbung gehört zur „angewandten" Kunst (applied art).

Zudem muss das Werk eine individuell geprägte geistige Schöpfung sein. Ein Allerweltserzeugnis genügt nicht. Die Grenze liegt zwischen dem – nicht geschützten – handwerklichen Können und der darüber hinausgehenden und urheberrechtlich dann geschützten kreativen geistigen Leistung.

Diese Erwägungen zeigen, dass es für beide Parteien – sowohl für die Agentur als auch für den Kunden – vernünftig und ratsam ist, vor der Durchführung der Präsentation in einer Vereinbarung zu regeln, wie mit den Nutzungsrechten an den präsentierten Ideen und Entwürfen umzugehen ist. Dabei sollte nicht nur das Interesse der Werbeagentur beachtet werden, ihr einen vernünftigen Schutz davor zu gewähren, dass sie nach der Präsentation den Auftrag nicht erhält, ihre eigentliche Werbeidee dann aber vom Kunden durch eine andere Agentur identisch oder nahezu identisch ausgeführt wird. Man sollte auch beachten, dass der Kunde ein durchaus berechtigtes Interesse daran haben kann, aus der Präsentation einer Agentur lediglich Teile zu übernehmen. Es kommt nicht selten vor, dass dem Kunden aus der Präsentation einer Agentur ein vorgeschlagener Slogan oder ein Logo gefällt, die sonstigen Teile der Präsentation jedoch nicht.

Dieses Interesse des Kunden ist durchaus legitim, ebenso aber auch das Interesse der Agentur, für die Nutzung eines Teils ihrer Präsentation eine vernünftige Vergütung zu erhalten.

In Agenturverträgen einiger werbetreibender Unternehmen kann man für diese Fälle einen gerechten Interessenausgleich finden. Er besteht in der Vereinbarung, dass der Kunde die Option erhält, Teile zu nutzen und dafür eine betragsmäßig festgelegte Vergütung an die Agentur zu zahlen. Zwar kann es dann zu Schwierigkeiten kommen, den Betrag festzulegen. Es ist aber für die Agentur allemal besser, einen einigermaßen angemessenen Betrag zu akzeptieren, als eine solche Vergütungsvereinbarung scheitern zu lassen. Dabei sollte für die Ausübung der Option eine kurze Frist vorgesehen werden, damit die Agentur ihre kreative Leistung bei Nichtausübung der Option anderweitig für andere Kunden verwerten kann.

2.

Wie kann sich eine Agentur, die präsentiert, aber den Auftrag nicht erhält, vor der nicht genehmigten Übernahme von Teilen ihrer Präsentation schützen?

Gestalterische Teile ihrer Präsentation, etwa den Vorentwurf eines Logos, einer Marke, eines Slogans, kann sie vor der Präsentation als Marke beim Deutschen Patent- und Markenamt anmelden lassen. Ob die Marke eingetragen wird, hängt zwar davon ab, ob eine gewisse Unterscheidungskraft gegeben ist. Ansonsten erfolgt sie schnell und zu relativ geringen Kosten. Entscheidend für die Priorität ist der Tag der Anmeldung. Erhält die Agentur aufgrund der Präsentation den Auftrag, wird der Kunde es als besonders umsichtig ansehen, dass die Agentur das präsentierte Logo, die Marke, den Slogen vorsorglich bereits hat schützen lassen. Es kommt vor, dass die Agentur nicht nur ihre dafür entstandenen Kosten erstattet erhält, sondern auch ein gewisses Entgelt für die Übertragung der Marke auf den Kunden.

Gestalterische Leistungen wie Verpackungsdesign können auf schnellem und sehr preiswertem Wege als Geschmacksmuster bei Deutschen Patent- und Markenamt zur Eintragung gebracht werden. Voraussetzung hierfür ist, dass die gewerbliche Gestaltung zum Zeitpunkt ihrer Anmeldung eine gewisse Eigenart aufweist und neu ist, also noch nicht auf dem Markt ist.

Insbesondere anzuraten ist der vertragliche Schutz durch Vereinbarung mit dem Kunden. Eine Klausel hierfür könnte wie folgt lauten:

„Erhält die Agentur keinen Auftrag, so ist XX nicht befugt, die präsentierte Idee und die präsentierten Arbeitsergebnisse der Agentur, seien sie urheberrechtlich geschützt oder nicht, zu nutzen, weder ganz noch teilweise, weder selbst oder durch Überlassung an Dritte. In diesem Falle ist die Agentur zudem berechtigt, die präsentierte Idee und konzeptionellen Arbeitsergebnisse ganz oder teilweise anderweitig zu verwerten."

Einen vertraglichen Schutz kann man auch in einer Geheimhaltungsklausel unterbringen, in der sich nicht nur – wie üblich – die Agentur verpflichtet, alle Daten und Dokumente des Kunden geheimzuhalten, sondern auch der Kunde seinerseits sich verpflichtet, präsentierte Ideen und Entwürfe – seien sie urheberrechtlich geschützt oder nicht – nicht ohne die vorherige schriftliche Genehmigung der Agentur Dritten zugänglich zu machen, insbesondere ganz oder teilweise zu veröffentlichen.

3.

Ein weiterer sensibler Punkt bei der Präsentation ist in rechtlicher Hinsicht die Frage der **Vergütung für die Präsentation**. Besteht ein Anspruch der Agentur auf Zahlung einer Vergütung, wenn zwischen den Parteien nichts vereinbart ist? Das Landgericht Frankfurt am Main hat in einer Entscheidung aus dem Jahr 1986 dazu ausgeführt, die Präsentation diene lediglich der Bewerbung um den Auftrag und könne deshalb nicht anders behandelt werden als das von einem Handwerker erarbeitete Angebot an einen Bauherrn, wofür dem Handwerker kein Vergütungsanspruch zustehe. Mehr Mühe mit den Besonderheiten der Präsentation einer Werbeagentur machte sich dagegen das Oberlandesgericht Hamburg. Dieses hat in einem Urteil aus dem Jahre 1985 ausgeführt, dass die Arbeit einer Agentur in der Regel in zwei Phasen ablaufe: In der ersten Phase wird eine Werbeidee erarbeitet und dem Kunden werden erste Vorentwürfe der vorgeschlagenen Werbemaßnahmen präsentiert. In der zweiten Phase werden dann die mit dem Kunden gemeinsam festgelegten Werbemaßnahmen realisiert. Das Gericht entschied, dass auch die erste Phase – Präsentation der Werbeidee – für den Kunden einen hohen Erkenntniswert habe. Der Kunde erhält durch die Präsentation wichtige Entscheidungshilfen für die für ihn wichtige Frage, wie er seine Produkte/Dienstleistungen am besten vermarkten kann und ob der bisher von ihm beschrittene Weg richtig ist oder nicht. Für die Einzelpräsentation hat deshalb das Landgericht Hamburg entschieden, dass der Kunde hierfür eine angemessene Vergütung zu zahlen habe, weil er bereits in dieser Phase eine werthaltige Leistung der Agentur erhalte.

Nicht ganz so mutig war das Gericht im Hinblick auf Wettbewerbspräsentationen, also im Hinblick auf Pitches. Hier meinte das Gericht, dass die Agentur – wenn ihr bekannt ist, dass sie im Pitch mit anderen Agenturen präsentiert – keinen Anspruch auf Vergütung geltend machen könne, weil es in einem solchem Pitch zunächst nur um die Präsentation der Agentur selbst, ihr Können und ihre Kapazitäten gehe.

Offen blieb dabei die Frage, wie eine Wettbewerbspräsentation zu behandeln ist, in der es nicht mehr nur um den sog. Schönheitswettbewerb geht, sondern um die Präsentation konkreter Werbeideen und von Vorschlägen zur Realisierung dieser Ideen. Konsequenterweise müsste man auch in diesen Fällen einen Vergütungsanspruch zugestehen.

Auf alle Fälle ist es ratsam, bei Präsentationen, in denen es nicht nur um die Vorstellung der Agentur, ihres Personals und ihrer Kapazitäten geht, eine Vergütungsregelung mit dem potentiellen Kunden zu treffen. Seriöse Kunden erkennen, dass kostenlose Präsentationen zu wirtschaftlichen Schieflagen bei den Agenturen führen

können. Solche Kunden schlagen von sich aus eine – wenn oft auch geringe – Vergütung vor, bei mehrstufigen Präsentationen zumindest für die letzte Stufe.
Zur Vermeidung von Streit empfiehlt es sich auch in diesen Fällen, die Frage, ob und wie vergütet wird, im Vorhinein, also vor der Annahme der Einladung zur Präsentation, zu klären und eventuelle telefonische Zusagen schriftlich dem Kunden zu bestätigen. Viele Agenturen scheuen es, die Frage nach den Nutzungsrechten und nach der Vergütung vor der Präsentation anzusprechen, weil sie befürchten, dann eventuell nicht zur Präsentation geladen zu werden. Die Kunden sehen das oft etwas anders; eine Agentur, die sich um diese Fragen im Vorhinein kümmert, zeigt, dass sie strukturiert arbeitet und dies auch dem Kunde zugute kommen kann.

Sag mal, was macht eigentlich ein gutes Briefing aus?

Bei einem Briefing sollten Sie auf die folgenden Punkte achten:

Eindeutigkeit: Schwammig ist eine Zielgruppenbeschreibung, die von 19 bis 55 Jahren reicht. Denn wer alles beschreibt, meint nichts. Aber nicht nur die Zielgruppendefinition sollte eindeutig sein, auch die zu erreichenden Ziele. Wann immer möglich, versuchen Sie möglichst genaue Daten und Vorgaben zu erhalten. Nur so können Sie konkrete Lösungen liefern.

Nie alle auf einmal: Haben Sie Ihrem Ansprechpartner schriftlich Fragen gestellt, so sollten seine Antworten nur an Sie gerichtet und nicht für alle anderen Pitch-Teilnehmer einsehbar sein. Schließlich war die Frage Ihr Input, und Sie sollten auch den Output erhalten. „Nie alle auf einmal" gilt auch für das Briefing und das Rebriefing. Der Verantwortliche muss sich Zeit für die einzelnen Anbieter nehmen, schließlich erwartet er sich auch individuelle Ergebnisse.

Waffengleichheit: Achten Sie darauf, dass alle Pitch-Teilnehmer bezüglich des Briefings gleich behandelt werden. Dies gilt für die gebrieften Informationen, aber auch für etwaige Nach-Nominierungen. Dienstleister verspätet aufzunehmen, scheint zwar verlockend – gerade wenn sie einen guten Eindruck machen. Es stört aber den gesamten Prozess und bringt viel Unruhe.

Einfach und eindeutig: Niemand hat etwas von einem komplizierten Briefing; schließlich muss es die Kundenberatung wieder in die Sprache „decodieren", die Strategen und Kreative verstehen. Gleiches gilt für Briefings, die mit vielen Worten nichts beschreiben.

Relevante Fakten: Sie sollten darauf achten, nur die relevanten Fakten zu erhalten, auch wenn Sie darauf wenig Einfluss ausüben können. Wer Ihnen unendlich viele Daten liefert, mag es zwar gut meinen. Es hilft Ihnen aber nicht weiter, weil Sie die erhaltenen Informationen auf die wichtigen Fakten eindampfen müssen.

Budget: Wenn der Briefende nicht über das Geld spricht, dann tun Sie es. Gerade bei Projekten, die schnell teuer werden können (etwa Messestände oder Events), sind Kosten wichtig. Sie müssen schließlich wissen, in welcher Größenordnung Sie denken und handeln sollen. Bestehen Sie auf einem Budget, auch wenn es nur eine Rahmengröße darstellt.

Abgestimmt: *„Neulich habe ich ein Briefing bekommen und wir waren im Pitch. Nach der ersten Präsentation stellte sich heraus, dass der Verantwortliche seine Kollegin aus dem PR-Bereich nicht involviert hat. Sie weigerte sich deshalb,*

Sag mal, was macht eigentlich ein gutes Briefing aus? (Fortsetzung)

überhaupt mit der gewinnenden Agentur zusammenzuarbeiten. Damit war der ganze Pitch gestorben", so ein Agenturkunde vor einiger Zeit. So heftig muss es natürlich nicht immer kommen, aber im schlimmsten Fall kann das das Ergebnis sein. Es müssen alle Beteiligten involviert sein, auch wenn Sie dies als teilnehmende Agentur nur bedingt selber feststellen können.

Inspirierend: Gerade bei Projekten, die kreative Ideen zum Ergebnis haben sollen, brauchen Sie ein inspirierendes Briefing. Hier wird gerne die Beauftragung von Michelangelo durch Papst Julius II oder seinem Helfer Kardinal Alidosi angeführt. Wie wird sein Briefing wohl ausgesehen haben?

8.1 Von der Aufgabenstellung zum inspirierenden Briefing

Der letzte Punkt des Kastens, nämlich das inspierende Briefing, hat zwar nur immer dann eine Relevanz, wenn es um wirklich neue Sachen geht, aber was damit gemeint ist (beziehungsweise was damit nicht gemeint ist), soll im Folgenden beschrieben werden:

1. Briefing-Alternative: Bitte bemalen Sie die Sixtinische Kapelle.

Kommentar: Dies ist sicherlich kein Briefing, sondern eine Aufgabenstellung, die keinerlei Hinweise enthält, wie die Lösung aussehen soll.

2. Briefing-Alternative: Bitte bemalen Sie die Sixtinische Kapelle und benutzen Sie dazu die Farben rot, grün und gelb.

Kommentar: Hier wird die erste Aufgabenstellung noch verschlimmert, da man nicht nur keine Hinweise bezüglich der Lösung gibt, sondern auch noch die zu verwendenden Farben vorgibt.

3. Briefing-Alternative: Bitte bemalen Sie die Sixtinische Kapelle und benutzen Sie dazu biblische Szenen mit Figuren wie Engeln, Teufeln, Heiligen usw.

Kommentar: Diese Lösung ist schon besser, da das Briefing eine Richtung vorgibt. So sehen viele Briefings aus. Man bekommt, was man braucht, aber auch nicht mehr; die entscheidende Inspiration fehlt.

4. Briefing-Alternative: Bitte bemalen Sie die Sixtinische Kapelle so, dass sie zum Ruhme Gottes beiträgt und zu einer Inspiration für die lebenden Menschen.

Kommentar: Mit einem solchen Briefing wusste Michelangelo, was zu tun ist, und war beseelt von der Größe des Projektes.

Exkurs: Dumm gelaufen

Eine Agentur hat für einen Kunden aus dem IT-Bereich konzeptionelle PR-Ansätze entwickelt und präsentiert. Von einem Reiseveranstalter hat sie die gleiche Aufgabenstellung erhalten. Da der Geschäftsführer der Agentur schlecht gebrieft war und sich als Teil einer Massenveranstaltung empfand, hat er das bestehende Konzept des IT-Unternehmens genommen und den Namen gegen den des Reiseveranstalters ausgetauscht.

Dummerweise ist die Sache aufgeflogen: Er hat vergessen, ein Logo auszuwechseln – und das hat der potenzielle neue Kunde bemerkt. Der Rest der Veranstaltung war eher kurz.

8.2 Ratschläge für einen Pitch

Die folgenden Ratschläge für einen Pitch kommen von Entscheidern sowohl von der Marketing- als auch von der Einkaufsseite:

- Zeigen Sie dem potenziellen Neukunden das Team, mit dem er im täglichen Geschäft zusammenarbeiten wird. Für die Kunden ist es beinahe schon abschreckend, wenn sie beim Pitch ein Team kennenlernen, das zwar hoch dekoriert ist, aber das sie nie wieder sehen. Deshalb lassen einige werbetreibende Unternehmen vertraglich regeln, dass sie das pitchende Team auch betreuen wird.
- Nehmen Sie sich im Rahmen eines Pitches zurück. Falls es schon zumindest einen Schulterblick gegeben hat, sollten Sie nicht nochmals die gesamte Positionierung usw. im Detail darstellen. Was die Menschen an dieser Stelle sehen wollen, sind Ergebnisse.
- Überlegen Sie auch, ob es die altbekannte Beamer-Präsentation sein muss oder ob Sie nicht lieber etwas Neues bringen sollten. Zeigen Sie Szenen aus dem wahren Leben, bauen Sie Shops nach, wenn es um Handelsmarketing geht. Damit demonstrieren Sie dem Kunden, dass Sie sich eingehend mit dem Thema beschäftigt haben.
- Zeigen Sie schon im Rahmen der Präsentation, wie Sie mit Fahrtkosten und der üblichen Verhandlungsmasse umgehen wollen. Verwenden Sie keine Lösungen von der Stange, sondern bieten Sie auch hier neue Ideen. Dies ist gerade dann bedeutsam, wenn der Einkauf an Bord ist. Immer wichtiger wird es hier auch, über Bonus- und Malus-Lösungen nachzudenken, die natürlich beim Einkauf einen hohen Stellenwert haben.
- Don't be a Pitch-Bitch: Es gibt Agenturen, die bei jedem Pitch dabei sein wollen – auch dann, wenn bereits die Pitch-Konditionen keine faire Business-Building-Partnerschaft erwarten lassen. Das ist etwa dann der Fall, wenn noch nicht einmal eine echte Perspektive auf eine langfris-

tige Partnerschaft besteht. Es gibt Auftraggeber, die selbst um kleinste Projekte und gar um einzelne Werbemittel pitchen lassen. Dann passiert, was passieren muss: Seriöse Partner sind so kaum zu finden. Das ist die Stunde der Pitch-Bitches: Sie tun Dinge für wenig Geld und erledigen sie nur halbherzig. Sie sagen Sachen, die der Kunde hören will, und verbiegen sich für ihn. Und am Schluss vergeuden sie seine Millionen. Pitch-Bitches kommen übrigens nicht in roten Lackstiefeln daher. Auch krawattierte Vertreter großer Agenturen holen zuweilen Briefings ab, die sie dann aus wirtschaftlichen Gründen von einem Junior-Team bearbeiten lassen. In der Regel recherchieren dann Praktikanten fehlendes Branchen-Know-how als Grundlage für die Arbeit der Junioren. So richtig schlimm wird es, wenn auch noch die abschließende Qualitätssicherung fehlt. Fazit: Ohne ein echtes partnerschaftliches Verständnis bekommt der Auftraggeber auch bei Pitches nur halbherzige Leistungen.

- Zeigen Sie in der Präsentation, dass Sie sich gründlich mit dem Kunden, seinen Produkten und der gestellten Aufgabe auseinandergesetzt haben. Mir wurde von Agenturen berichtet, die sich nicht einmal mit den im Internet verfügbaren Kunden-Informationen beschäftigt haben. Stellen Sie auch nochmals Ihre Kompetenzen dar und zeigen Sie, warum Sie aufgrund Ihrer Historie und Referenzen die richtige Agentur sind.

8.3 Seien Sie geduldig mit sich!

Der in diesem Buch geschilderte Ansatz und alle anderen Hinweise sind keine 30-Minuten-und-dann-bin-ich-König-Methode. Sie müssen sich Zeit geben. Ich habe einige Jahre für eine Werbeagentur gearbeitet, weil der Geschäftsführer für das Thema Neukundengeschäft keine Zeit, aber auch zu wenige Erfahrungen hatte. Er hat unsere Zusammenarbeit genutzt, um sich schrittweise an das Thema und nicht zuletzt auch an die Telefonate heranzutasten. Erst nach einigen Jahren konnte er fast alle Telefongespräche selber durchführen. Sie sehen also: Geben Sie sich die erforderliche Zeit und nehmen Sie sich vielleicht sogar einen Coach, der Ihnen wertvolles Feedback gibt. Seien Sie geduldig mit sich!

Manchmal muss man aber so realistisch sein und einsehen, dass selbst die größte Anstrengung und Mühe nichts fruchtet. Es gibt nun einmal Menschen, die solche Termine gerne machen und denen es egal ist, wer am anderen Ende der Leitung ist. Ich habe zum Beispiel für einen Kunden gearbeitet, der seine Produkte an Metzgereien und Fleischereien verkauft hat. Erstaunlicherweise hatten die Außendienstleute keine Lust, bei Metzgereien anzurufen, die sie noch nicht besucht hatten. Deswegen habe ich das gemacht. Und wenn man einige Jahre mit solchen Leuten telefoniert, verliert man viele Hemmungen. Aber es gibt auch Menschen, die das nicht können. Aber die sind dann vielleicht im persönlichen Gespräch überragend. Wenn Sie also merken, dass Ihnen das Neukundengeschäft nicht liegt, hat es keinen Sinn, wenn Sie sich fortwährend frustrieren.

Ein weiterer Aspekt erscheint mir wichtig: Haben wir es heute nur noch mit Hürden und Problemen zu tun? Auch wenn die Anforderungen sichtlich gestiegen sind und man nicht mehr so viel Geld verdient wie früher, kann das Credo nur lauten: „Chancen erkennen – Chancen nutzen!“ Wer clever ist, erkennt seine Chancen und setzt sie um. Dieses Buch soll dazu eine kleine Hilfestellung sein.

9.

Großagenturen oder: Wie geht New Business dort?

Bei Großagenturen (damit meine ich die Networks und die zwei großen inhabergeführten Agenturen Jung von Matt und Serviceplan) ist das Neukundengeschäft personell professioneller und damit auch kontinuierlicher aufgestellt. So kümmern sich bei diesen Großagenturen meist mehrere Personen nur um das Neukundengeschäft. Oft gibt es auch mindestens einen Mitarbeiter für die Öffentlichkeitsarbeit.

Networks haben aber den Nachteil, dass sie mitunter zu langsam sind und sich stärker dem Netzwerk verpflichtet fühlen als ihrem Kunden. So erzählte mir ein Marketingleiter, dass sich eine Network-Agentur bei einem dreistufigen Pitch schon nach der zweiten Runde verabschiedete. Sie hatte vom Hauptquartier die Order bekommen, sich um einen bestehenden Kunden stärker zu kümmern. Damit hatte die Agentur keine Kapazitäten mehr und musste aufgeben. Kleinere Agenturen sollten sich daher ihrer Schnelligkeit, ihrer größeren Ausdauer und Zielstrebigkeit viel mehr bewusst werden und diese entsprechend einsetzen. In England empfinden viele größere inhabergeführten Agenturen die Networks in einem Pitch nicht wirklich als Wettbewerb, da diese zu langsam und mit zu wenig Begeisterung agieren. Diese Unterschiede sind in Deutschland nicht so ausgeprägt, aber inhabergeführte Strukturen sollten hier einen Fokus setzen.

Der Vorteil von Networks ist ihr weitaus breiteres Fundament. Deshalb glaubt man ihnen viel eher, dass sie auch große Projekte durchführen können. „Ich bin doch schon zum Network gegangen. Wenn die es nicht schaffen, wer denn dann?", könnte ein Marketingleiter hier argumentieren. Dieses Fundament meint natürlich nicht nur das Vertrauen, sondern auch die finanziellen Ressourcen, um sich zum Beispiel über eine extra gegründete Task-Force mit einem speziellen Thema zu beschäftigen. Diese Möglichkeiten hat eine inhabergeführte Agentur sicherlich nur sehr begrenzt. Außerdem können sich Networks über ihre internationalen Strukturen viel leichter mit Informationen versorgen. Auch hier haben inhabergeführte

Agenturen eher das Nachsehen – allerdings bemühen sie sich auch weniger um einen Blick über den Tellerrand. Das zeigt sich etwa bei der geringeren Zahl von Mitarbeiterschulungen. Ein weiterer Hinweis ist die Beobachtung, dass viele Inhaber, die in jungen Jahren ihre Agentur gegründet haben, keine anderen Strukturen gesehen haben und daher in ihrem eigenen Saft braten.

Networks arbeiten aufgrund ihrer Größe viel internationaler und kennen auch die Strukturen auf Kundenseite viel genauer. Kleinere inhabergeführte Agenturen sind immer wieder der Meinung, dass sie dies auch könnten, und irren dabei gewaltig. Sie sollten einfach zur Kenntnis nehmen, dass internationale Unternehmen ihre Entscheidungen für die Marke nicht in Deutschland treffen, sondern für Deutschland von ganz anderen Teilen der Welt; die Vernetzung und Arbeitsteilung ist eine ganz andere als bei einem rein national agierenden Unternehmen. Zugegeben: Als Großagentur mit einem hohen Fixkostenanteil kann man nicht für die Bäckerei um die Ecke arbeiten. Nichtsdestotrotz haben die einzelnen Großagenturen einen unterschiedlichen Fokus auf dem deutschen Markt.

Großagenturen verfügen – anders als inhabergeführte Einheiten – über eine weitere Quelle des New Business: neue Kunden im Rahmen der internationalen Strukturen. So kann ein Unternehmen, das noch nicht in Deutschland aktiv ist, auf die Idee kommen, hier seine Produkte oder Dienstleistungen zu vermarkten. Der ausländische Anbieter wird dann natürlich die bestehende Agentur fragen, ob sie hier helfen könnte. Andererseits kann ein in Deutschland beheimatetes Unternehmen, das auch international tätig ist, ein neues Produkt einführen und eine internationale Agentur damit beauftragen, mit der sie in Deutschland vielleicht schon zusammenarbeitet. Hier sind die Möglichkeiten von inhabergeführten Agenturen um einiges begrenzter.

Networks haben zudem schon immer nutzenorientierter gearbeitet. Zum Beispiel, indem sie Studien erarbeitet und vor einer Veröffentlichung bei potenziellen Neukunden vorgestellt haben. Hier haben sich allerdings auch Veränderungen ergeben: Mögliche Neukunden wollen nicht mehr zwei oder gar drei Stunden Zeit für einen – wenn auch kostenfreien – Workshop rund um die eigene Marke investieren. Marketingleiter zeigen sich, wie schon erwähnt, allgemein über die Selbstdarstellung von Agenturen genervt. Sie fanden aber auch gerade die Idee, Tools und dergleichen von Großagenturen gezeigt zu bekommen, noch weniger beeindruckend.

Neugeschäft bei Network – in inhabergeführten Kommunikationsdienstleistern, Gemeinsamkeiten und Unterschiede

von Jan Diekmann, Director Business Development, DDB Group Germany, Berlin

Sie haben das Briefing für eine Wettbewerbspräsentation ergattert und den festen Entschluss gefasst, den Etat zu gewinnen? Herzlichen Glückwunsch, in den nächsten vier bis sechs Wochen werden Sie also, neben dem ohnehin schon üppigen Tagesgeschäft, auch noch in Sachen Neukundenpräsentation unterwegs sein. Ob Sie in einer inhabergeführten oder in einer Networkagentur arbeiten, spielt ab jetzt keine Rolle mehr. Die Abläufe zur Erstellung der Präsentation sind, von einigen Kleinigkeiten mal abgesehen, nahezu identisch, voraussichtlich werden Sie, wenn alles gut geht, sogar mit den gleichen Biersorten auf den Etatgewinn anstoßen und am nächsten Tag ähnliche Schmerzen haben.

1. Das Briefing liegt auf dem Geschäftsführer-Tisch einer inhabergeführten Agentur.

Der Inhaber der Agentur zündet sich eine Zigarette an, blättert durch das Briefing.

Der Auftraggeber, eine Käserei, sucht eine Agentur zum Launch einer neuen Käsemarke in den Märkten Deutschland, Österreich und Schweiz. Es handelt sich um eine Kampagne in den Medien Print, TV, Fachzeitungen und VKF, für die Aufgabenstellung steht ein Etat von 8,5 Millionen Euro, inklusive Agenturhonorar, zur Verfügung.

Da sich der Geschäftsführer sicher sein kann, dass seine Agentur kein Unternehmen aus dem Wettbewerbsumfeld des Prospects betreut, blättert er interessiert weiter. Die Bestandkunden werden keinerlei Einwände haben, wenn seine Agentur auch für dieses Unternehmen arbeitet.

Er kommt zur Aufgabenstellung, die mit einigen Projekten vergleichbar ist, die er mit seinem Team vor einigen Monaten erfolgreich realisieren konnte, ein Mitarbeiter der Agentur könnte seine Erfahrungen aus der CMA-Gattungskampagne für deutschen Käse mit in die Präsentation einbringen.

Auch das Timing für die Umsetzung, sofern der Kunde erstmal gewonnen wurde, ist durchaus realisierbar. Das Team, das an der Präsentation arbeiten soll, ist bis zu der kommenden Herbstkampagne auf dem Bestandskunden nicht voll ausgelastet, zudem kommt im kommenden Monat auch eine weitere Kollegin frisch erholt aus dem Urlaub zurück.

Zum Ende wirft der Geschäftsführer einen Blick auf die Etatmittel, die dem Kunden zur Verfügung stehen. 8,5 Millionen Euro sollten für das erste Jahr reichen, wenn er gut kalkuliert, kann er im kommenden Jahr entweder den neuen Drucker für die Kreation anschaffen oder ein rauschendes Sommerfest mit der Agentur feiern.

Der Inhaber drückt die Zigarette aus, greift zum Telefonhörer und bittet seine Assistentin einen Termin für das Kick-off-Meeting zu koordinieren.

2. Das Briefing liegt auf dem Tisch des Neugeschäftsverantwortlichen einer Network Agentur.

Der NB-Verantwortliche nimmt sich seine Zigaretten und das Feuerzeug und geht in die Raucherecke der Agentur. Da es sich um eine amerikanische Werbeholding handelt, ist das Rauchen seit einigen Monaten nur noch in eigens eingerichteten Raucherecken erlaubt. Auf dem Rückweg nimmt er sich noch einen Kaffe mit in sein Büro, den er während der Durchsicht des Briefings trinken wird.

Der Auftraggeber, eine Käserei, sucht eine Agentur zum Launch einer neuen Käsemarke in den Märkten Deutschland, Österreich und Schweiz. Es handelt sich um eine Kampagne in den Medien Print, TV, Fachzeitungen und VKF, für die Aufgabenstellung steht ein Etat von 8,5 Millionen Euro, inklusive Agenturhonorar, zur Verfügung.

Ein kurzer Blick auf die Kundenliste verrät, dass es an einigen Stellen mögliche Konflikte zu bestehenden Kunden geben könnte.

Das Office in München betreut einen regionalen Wursthersteller. Es handelt sich dabei zwar nur um einen kleineren, regionalen Kunden, aber gleichzeitig auch um den Gründungskunden des Büros an der Isar. Auf der Weihnachtsfeier hat der NB-Verantwortliche zudem gehört, dass der Geschäftsführer der Münchner Niederlassung mit der Frau des Inhabers des Wurstherstellers zur Schule gegangen ist. Also schreibt der NB-Verantwortliche eine Mail nach München, um sich eine mögliche Freigabe für den Pitch zu holen. Gleichzeitig vermerkt auf seinem Datenblatt, dass es ebenfalls eine Rücksprache mit dem Käsehersteller geben muss, damit auch dieser über die bestehende Kundenbeziehung informiert ist.

Die Network-Kollegen in den Niederlanden betreuen seit gut einem Jahr den größten Quarkhersteller des Landes, die pan-europäische Kampagne läuft auch in der Schweiz und Österreich. Da sich der NB-Verantwortliche nicht sicher ist, ob der niederländische Agenturvertrag neben der „weißen Mopro Linie" für Quark auch die „gelbe Linie" für Käse abdeckt, schreibt er eine kurze Mail an seinen Kollegen in Holland. Er bittet um zeitnahes Feedback, im Idealfall innerhalb der kommenden 48 Stunden. Er kopiert die europäische Agenturzentrale in die Mail, denn in London werden alle internationalen Neugeschäftsaktivitäten erfasst und in einem Statusbericht zusammengeführt.

Die Aufgabenstellung ist für die Agentur kein Problem, fast alle Kollegen können auf umfangreiche Erfahrungen aus dem Food-Bereich zurückgreifen. Da der Prospect angegeben hat, dass er am liebsten vom Düsseldorfer Standort aus betreut werden möchte, bereitet er eine kurze Mail an den Geschäftsführer der Niederlassung vor. Er scannt das Briefing ein, fasst die Eckdaten in einem kurzen Text zusammen und gibt an, dass die möglichen Konflikte in den kommenden 24 Stunden geklärt sind. Zudem bittet der den Geschäftsführer kurz darum zu überprüfen, ob die aktuelle und zu erwartende Ressourcenauslastung einen Wettbewerb um die Käsemarke zulassen und ob die Agentur wirtschaftlich mit dem Kunden arbeiten kann.

Bevor er die Mail rausschickt, unterrichtet er noch die Niederlassungsleiter der anderen Agenturen und seine Kollegin, die den nationalen NB Status führt, über das vorliegende Briefing und teilt ihnen mit, dass der Pitch aller Voraussicht nach in der Düsseldorfer Agentur bearbeitet werden wird.

Mittlerweile ist die Antwort aus München bei dem NB-Verantwortlichen eingetroffen, der Wursthersteller vertritt über den Niederlassungsleiter die Auffassung „Wurst ist Wurst und Käse ist Käse". Vor diesem Hintergrund liegen keine nationalen Konflikte vor.

Auch die Kollegen aus den Niederlanden melden sich, der Ansprechpartner ist leider im Urlaub, deswegen wird die Antwort voraussichtlich erst in 2 Tagen vorliegen. Aber nach einer ersten Einschätzung des Vertreters sieht der niederländische Agenturvertrag lediglich eine Exklusivität innerhalb der „weißen Linie" vor. Das lokale „Legal Department" wird die Verträge parallel prüfen.

Ein erstes Feedback aus Düsseldorf, der Geschäftsführer der Niederlassung freut sich auf die Aufgabenstellung, er hat zudem ein frisches Team, das schon bei der jährlichen, internen „Wunschkunden-Befragung" angegeben hat, gerne mal wieder einen Food-Kunden betreuen zu wollen. Hinsichtlich des Etatvolumens wartet der Geschäftsführer noch auf ein Feedback aus dem Controlling – aller Voraussicht nach wird die Wirtschaftlichkeitsprüfung dieser Anfrage positiv bewertet.

Der NB-Verantwortliche nimmt einen Schluck seines mittlerweile kalten Kaffees und grinst. Auch er hatte damit gerechnet, dass der Prospect genug abwirft, um die Kosten zu decken und einen Teil zu den „Wins" und Wachstumszielen beizusteuern.

Nach einem weiteren Besuch der Raucherecke schreibt der NB-Verantwortliche eine weitere Mail an die Kollegen in Holland und bittet asap. um Klärung beziehungsweise Freigabe. Spätestens bis zum Ende des Tages – denn jetzt hängt die Teilnahme nur noch an dem „Go" aus Holland. Parallel schickt er die Nachricht auf das Mobiltelefon des niederländischen Kollegen. Der hat zwar Urlaub, aber ist seinen deutschen Kollegen noch mehr als einen Gefallen schuldig.

Eine erste Mail aus der Europazentrale trifft ein. Die französischen Kollegen haben vor wenigen Wochen leider einen Pitch um eine Camembert-Marke in Deutschland, Österreich und der Schweiz verloren – verfügen aber noch über umfangreiche Mafo-Daten und Verbraucherinformationen, die per Download-Ticket für den NB-Verantwortlichen abrufbar sind. Zudem wünschen die englischen Kollegen viel Glück und fragen nach, ob sich die Niederländer schon gemeldet haben.

Als der NB-Verantwortliche gerade in seiner Datenbank überprüft, inwieweit es in der Vergangenheit Schriftwechsel oder sonstige Kontakte zu dem Käsehersteller gegeben hat, die man vielleicht nutzen könnte, trifft die erwartete Mail aus den Niederlanden ein. „Ihr habt zwar keine Ahnung von Fußball oder Käse, aber aus unserer Sicht liegt hier kein Konflikt vor". Die Antwort nach Holland ist knapp und ebenso freundlich: „Lernt erstmal, wie man Bier braut, und besten Dank, wir halten euch im Loop".

Ein weiterer Schluck Kaffee und dann schreibt der NB-Verantwortliche die Mail nach Düsseldorf. Wir haben grünes Licht, anbei einige aktuelle Mafo- und Verbraucherzahlen unserer Kollegen aus Frankreich, eine Übersicht der letzten Initiativen und Kontakte mit der Käserei, Werbehistorie und Kurzlebensläufe aller bekannten Entscheidungsträger auf Kundenseite. Viel Erfolg.

Gleich im Anschluss der Anruf bei dem Unternehmen, unsere Agentur in Düsseldorf nimmt gerne an dem Wettbewerb teil, sofern es keine Bedenken hinsichtlich der Aktivitäten unserer niederländischen Kollegen gibt, die für weiße Linie eines möglichen Wettbewerbers arbeiten. Nach Klärung dieses Punktes wird das Büro des Düsseldorfer Geschäftsführers einen Kick-Off-Termin vereinbaren.

Der NB-Verantwortliche holt sich einen frischen Kaffee und schreibt noch einige Mails. An die Europazentrale, dass man sich an dem Pitch beteiligt und dass mit den Kollegen in den Niederlanden alles geklärt ist. An die Franzosen, dass man sich für die Unterlagen bedankt und dass man einen Stab für sie brechen will, wenn der Kunde seinen Käse auch in Frankreich launchen will. An die Assistentin, dass der Wettbewerb im Status auf aktiv gesetzt wird und eine SMS an seinen niederländischen Kollegen im Urlaub.

9.1 Der Spezialfall: Das New Business von Media-Agenturen

Haben heute kleine oder mittelgroße Media-Agenturen überhaupt eine Chance am Markt, wenn schon 50 Prozent des gesamten TV-Einkaufs und mehr als 60 Prozent des TV-Einkaufs bei den privaten Sendern bei einer Gruppe konzentriert sind? Die klare Antwort ist „Nein". Als kleine inhabergeführte Media-Agentur muss man heute gar nicht mehr versuchen, mit einem der großen Werbetreibenden ins Gespräch zu kommen. Diese bekommen bei den großen Dienstleistern die besten Konditionen, also die meisten Spots oder Anzeigen.

Als lediglich die öffentlich-rechtlichen TV- und Hörfunksender Leistungen anboten, waren die Sender das Nadelöhr. Die Media-Agenturen mussten Werbeplätze für ihre Kunden nahezu erbetteln. Die damalige Agenturvergütung von 15 Prozent wurde meist zwischen Media- und Kreativ-Agentur geteilt. Den kleineren Anteil bekam dabei die Media-Agentur, denn deren Arbeit war aufgrund der begrenzten Möglichkeiten kleiner. Eine sehr geordnete Welt also.

Heute, in der Zeit der Aleksander-Ruzicka-Prozesse, scheint unklar zu sein, was Media-Agenturen eigentlich genau tun und wie sie Werte schaffen. In den Medien schreibt man ihnen höchst unterschiedliche Aufgaben zu. So kann man in der *Absatzwirtschaft* lesen (Online-Ausgabe vom 25. Mai 2009, „Die Party ist vorbei"): „DPA schrieb von Media-Agenturen als Werbezeitenvermarkter. ARD-Fernsehen ordnete Media-Agenturen als Händler von Werbezeiten ein. Im ARD-Hörfunk waren es Vermittler von Werbezeiten. Der *Spiegel* schrieb von einer TV-Werbeagentur, die Werbezeiten vermittelt. *F.A.Z.*, *Handelsblatt* und *Manager Magazin* schrieben: Aegis vermittelt Fernsehwerbezeiten. Die *Süddeutsche* meinte Aegis als Werbezeitenvermarkter erkannt zu haben, schrieb jedoch schon im nächsten Absatz von Vermittlungsgeschäften im Auftrag der Kunden. In Hessen Händler mit eigenen Werbezeiten. In Bayern Treuhänder im Auftrag der Kunden. Gegenüber Kunden geben sich Media-Agenturen als devote Dienstleister. Bei den Medien treten sie als fordernde Händler auf. Beides wird jeweils in Verträgen fixiert. Was gilt nun?"

Und irgendwie scheinen Media-Agenturen all das auf einmal zu sein: Sie vermitteln einerseits für ihre Kunden Werbeplätze, kaufen andererseits aktiv Seiten beziehungsweise Zeiten auf und verkaufen sie weiter, bevor es entsprechende Aufträge gibt. Damit sind wir auch schon bei den unterschiedlichen Bezahlmodellen, die sich ebenso undurchsichtig darstellen: Die einen Agenturen bestehen darauf, dass sie ihre Mitarbeiter-Stunden den Kunden in Rechnung stellen und für nachprüfbare Leistungen einen entsprechenden Bonus erhalten. Alle Kickbacks werden hier brav weitergereicht beziehungsweise offengelegt. Auf der anderen Seite, und diese kommt der Realität sehr nahe, erhalten Agenturen einen bestimmten Prozentsatz vom Einkaufsvolumen eines Kunden als Gegenleistung für ihre Arbeit. Die aus den Volumen für den einzelnen Kunden entstehenden Rabatte werden an diesen weitergegeben. Extra-Leistungen (spezielle Modellings usw.) werden Kunden wie im üblichen Geschäft auch in Rechnung gestellt. All diese Leistungen reichen aber meist nicht aus, um die von den börsennotierten Headquarters geforderte Rendite zu erwirtschaften. Denn die Prozentsätze, die sich aus dem Einkaufsvolumen ergeben, liegen beispielsweise im TV zwischen 0,8 und 1,8 Prozent. Deswegen müssen sich Media-Agenturen über die weiteren Rabatte, also aus denen, die sich aus dem Gesamtbudget, über alle Kunden eben, bei einem Vermarkter ergeben, finanzieren. Hierbei kann es zu unterschiedlichen Ausprägungen in Form von Cash, Freispots oder Forschungen kommen. Die Notwendigkeit für weitere Finanzierungsquellen resultiert also nicht nur aus den Forderungen des börsennotierten Mutterkonzerns, sondern auch aus den immer größeren Forderungen der Kunden bezüglich einer Verringerung der Agenturvergütung. Außerdem sind die Kosten für Hard- und Software sehr hoch; für Systeme also, um Modellings und eine gute Planung durchführen zu können. Was eben mit Rabatten beschrieben wurde, nennt man auch Kickbacks. Offiziell gibt es diese aber überhaupt nicht. Was damit genau gemeint ist, ist ebenso unklar. Wenn man sie als grundsätzliche Finanzierungsmöglichkeit neben der Kundenvergütung beschreibt, fallen hierunter auch die Gewinne durch den Weiterverkauf von Spots (siehe dazu nächster Absatz). Mangelnde Transparenz scheint alle Beteiligten nicht zu stören – im Gegenteil.

Dass Agenturen längst keine Treuhänder mehr sind, sieht man auch daran, dass etwa die GroupM sowohl im TV als auch bei Printmedien Werbeplätze kauft und diese an ihre Kunden weiterverkauft. Die Agentur tritt dabei quasi als Vermarkter auf. Dagegen ist so lange nichts einzuwenden, bis die Kunden nicht mehr fair und objektiv beraten werden oder eine entsprechende Marktmacht ausgenutzt wird. Schwierig wird es, wenn eine Agentur aufgekaufte Werbeplätze losschlagen muss, wie es seinzeit bestimmte Banken mit Lehman-Zertifikaten gemacht haben, also ohne auf den Bedarf des Kunden zu achten. Im Übrigen scheinen alle großen Media-Agenturen als Broker aufzutreten, aber nur die GroupM spricht davon. Auch gegen Kickbacks kann man erst einmal nichts sagen. Probleme gibt es dann, wenn man als Agentur verstärkt dort einkauft, wo man die meisten Gelder erhält.

Die großen Player gewinnen also neue Kunden weniger über die Beantwortung strategischer Fragen, sondern indem sie dank ihrer Verhandlungsmacht einem bestehenden oder potenziellen neuen Kunden die meisten Spots oder Anzeigen sichern. Als Messgröße dient dazu meist die Bruttoreichweite (Gross Rate Point). Dabei handelt es sich um eine rein rechnerische Größe, bei der die Kontakte ohne Berücksichtigung der Überschneidungen addiert werden. Diese werden bei der Nettoreichweite abgezogen, die deshalb auch eine wichtige Kennziffer ist. Der Werbedruck (GRP) ist also keine qualitative, sondern eine quantitative Größe. Mithilfe der GRP kann man unterschiedliche Medien in unterschiedlichen Gebieten und Zeiten miteinander vergleichen und Defizite erkennen. Die GRP wird häufig auch genutzt, um die Arbeit von Media-Agenturen zu beurteilen und sie im Rahmen einer Performance-Honorierung zu vergüten. Dieses Kriterium kann die Agentur sicherlich beeinflussen. Die großen Agenturen können bei einem schlechten Zwischenergebnis immer noch Freispots oder Freianzeigen schalten. Schwierig bis unmöglich wird es immer dann, wenn die Performance zum Beispiel am gestiegenen Abverkauf festgemacht werden soll. Dann wird die Arbeit der Agenturen zum einem kaum kalkulierbaren Glücksspiel.

Wie erwähnt, ist die GRP ein rein zahlenmäßiges Kriterium. Dem Kunden muss aber auch die qualitative Wirkung eines Spots wichtig sein, etwa die erreichte Imageveränderung. Wird dies als Performance-relevant erachtet, so tritt das Problem auf, dass man die Arbeit von Media- und Kreativ-Agentur nur noch sehr schwer voneinander trennen kann. Die Ziele, die mit der Kreativleistung einhergehen, können zum Beispiel sein:

- Wie gut erinnert sich die Zielgruppe an eine Kampagne?
- Wie ist die Zielgruppe erreicht worden?
- Zahlt die Werbung auf die Marke oder auf die Produktgruppe ein?
- „Versteht" die Zielgruppe die Botschaft der Werbungs und zwar so, wie dies geplant war?
- Verändert die Werbung das Verhalten und/oder die Einstellung der Zielgruppe? Wird das Markenimage in eine bestimmte Richtung beeinflusst, steigt die Sympathie oder werden Kaufimpulse ausgelöst?

Bei der Medialeistung sind es zum Beispiel die folgenden Ziele:

- Ob und in welchem Umfang wird die Zielgruppe erreicht?
- Ist der Druck, mit dem Werbung geschaltet wird, der optimale?
- Wird für alle Werbeziele die gleiche Kontaktdosis benötigt? (zum Beispiel Image, Kaufanreiz)

- Wie gut arbeiten die eingesetzten Medien miteinander, das heißt unterstützen sie sich gegenseitig und schaffen Synergien?

Eine Media-Agentur kann nur dann über den rechnerischen Wert der GRP hinaus richtig beurteilt werden, wenn man die Ergebnisse von Media- und Kreativleistung getrennt darstellen und entsprechend zuordnen kann. Wie so etwas aussehen kann, zeigen die folgenden zwei Abbildungen:

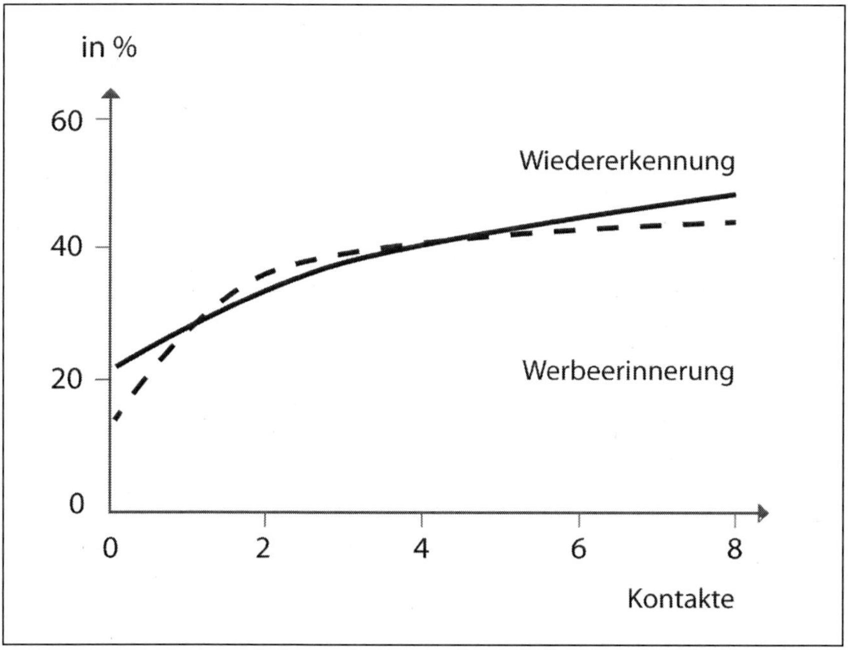

Abbildung 21 (Abbildung: TNS Infratest): Je stärker der Kunde der Kampagne ausgesetzt ist, desto höher sind sowohl die Werbeerinnerung als auch die Wiedererkennung. Die meisten Konsumenten können die Kampagne der richtigen Marke zuordnen. Die Kampagne arbeitet also für die Marke. Wiedererkennung (Recognition) meint dabei die Erinnerung an einen Spot oder eine Anzeige. Bei einer Werbeerinnerung (Recall) geht dies über die allgemeine Wiedererkennung hinaus und meint, dass man sich an einen TV-Spot einer bestimmten Marke erinnert.

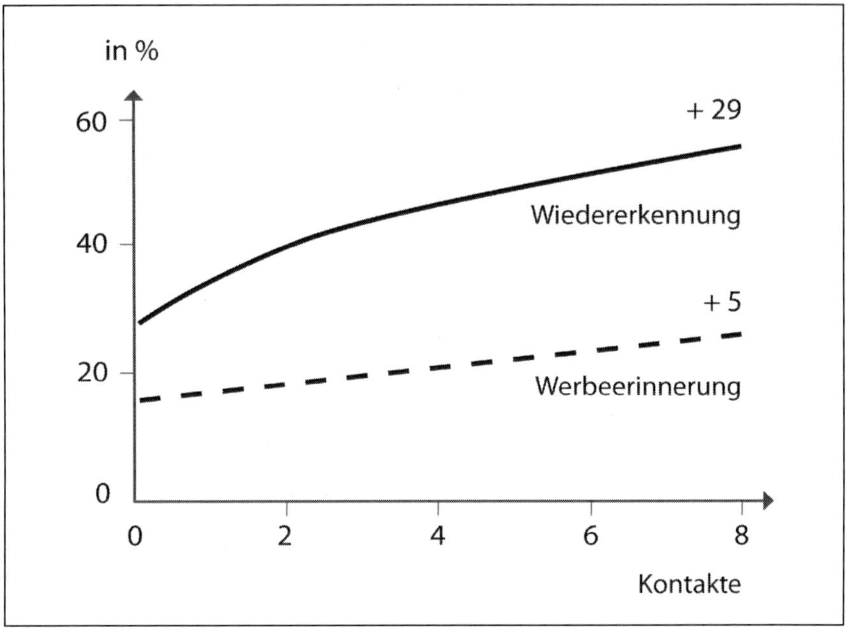

Abbildung 22 (Abbildung: TNS Infratest): Je stärker der Kunde hier der Kampagne ausgesetzt ist, desto stärker wächst auch die Wiedererkennung. Aber die Werbeerinnerung für die Marke steigt mit zunehmender Kontaktwahrscheinlichkeit kaum. Daraus lässt sich schließen, dass das Branding des Spots nicht ausreichend ist. Deswegen ordnen die meisten Konsumenten die Kampagne keiner bestimmten Marke zu. Der Unterhaltungswert ist also größer als der Werbewert.

Viele herkömmliche Verfahren berücksichtigen auch nicht den Einfluss von diversen exogenen Größen (inkl. Wearin- und Wearout-Effekte). Misst man bei einem herkömmlichen Tracking-Modell nur eine Veränderung von 1,5 Prozent der ungestützten Bekanntheit bei einer Vorher-Nachher-Messung, so wird die Kampagne als Misserfolg wahrgenommen werden. Bei genauerem Hinsehen stellt man fest, dass das Verfahren nicht ausreichend sensibel war und die Befragten keine einheitliche Kontaktchance hatten. Wird dann bei jenen mit hoher Kontaktchance eine überdurchschnittliche Steigerung festgestellt, so kann sich die Kampagne durchaus als erfolgreich erweisen.

Neben den Kennziffern, die die Wirkung von Media-Leistungen generell beschreiben, muss auch berücksichtigt werden, wie der Media-Mix zu bewerten ist. Da auch diese Aufgabe ein nicht unerhebliches Know-how benötigt, sei sie hier ergebnisorientiert dargestellt:

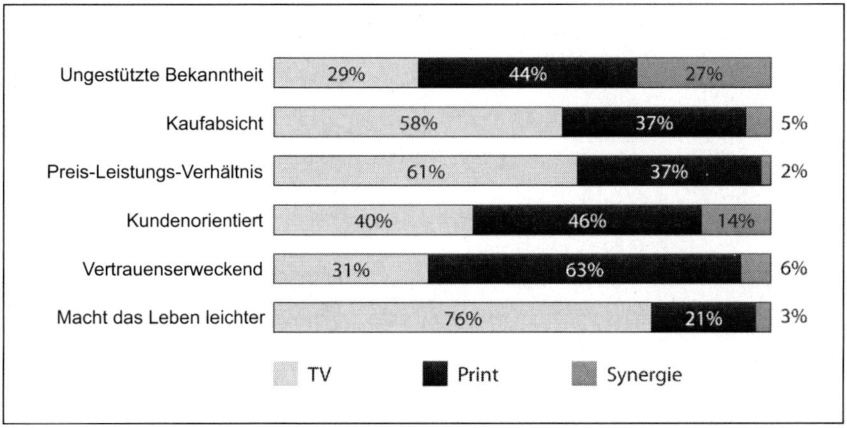

Abbildung 23 (Abbildung TNS Infratest): Das Ergebnis des Media-Mixes von Print und TV für unterschiedliche Kennzahlen sowie die daraus entstehenden Synergien

Der Druck auf die Agenturen und damit die Notwendigkeit zum Neukundengeschäft wächst auch deshalb, weil Media-Auditoren auf den Markt drängen. Das sind unabhängige Dienstleister, die im Auftrag von Werbetreibenden beim Pitch, bei der Media-Strategie, beim Einkauf und bei der Abrechnung helfen. Auditoren werden beauftragt, wenn sich Kunden nicht sicher sind, ob ihre Gelder bestmöglich eingesetzt werden.

Der Media-Auditor hat eine Datenbank mit allen relevanten Informationen seiner Kunden (Zeitpläne, reale Kosten, Vorgaben und Beschränkungen). Diese vertraulichen Daten werden durch entsprechend öffentlich zugängliche angereichert. Der Auditor kann nun aufgrund dieser Daten einem werbetreibenden Unternehmen ganz gut erklären, ob es zum einen sinnvoll investiert und zum anderen auch nicht zuviel bezahlt.

Media-Agenturen sind über den Einsatz von Auditoren meist weniger erfreut, da einige zum einem nach den Savings bezahlt werden und ihnen zum anderen jemand auf die Finger schaut. Außerdem hat kein Externer jemals einen Blick in diese Datenbanken (Pools) geworfen; man hat so also keine durchschaubare Benchmark. Um diese zu erreichen, dienen als Grundlage eines Audits auch die GfK-Zahlen. Im Rahmen der Wirtschaftskrise mussten aber auch die Berater Federn lassen und werden nun häufiger selber zum Pitch gebeten.

Noch ein Wort zur Leistung von Media-Agenturen im Online-Bereich: Der größte Unterschied zum Offline-Bereich liegt wohl darin, dass es hier sehr viel mehr Player gibt. Dies gilt sowohl für die Vermarkter als auch für die Agenturen. Aber auch hier haben Kickbacks Einzug gehalten. Dies hat auch damit zu tun, dass über neue Möglichkeiten der Werbeplatzierung im Internet weniger feste Flächen gebucht werden. Stattdessen setzt man immer stärker auf Profile. Beim Targeting zum Beispiel wird auf dem Rechner des Betrachters dann ein Cookie gesetzt, wenn er sich die Auto-Rubrik eines Online-Nachrichtenmagazins anschaut oder sich im Auto-Konfigurator eines Herstellers informiert. Das so gewonnene Profil wird genutzt, um später wieder eine Auto-Anzeige einzublenden. Können Media-Agenturen solche Profile erstellen und nutzen, werden auch sie zu Händlern.

Empfehlung für Freelancer und Small-Agencies

Was aber tut man als kleinere Media-Agentur, wenn man so gut wie keine Chance hat, von den großen Unternehmen beauftragt zu werden? Man konzentriert sich auf die Mittelständler, für die es wiederum wenig sinnvoll ist, bei den großen Media-Agenturen Kunde zu sein.

Würden sie deren Dienste nutzen, bekämen sie wahrscheinlich etwas bessere Konditionen, würden dort aber sicher nicht von erfahrenen Mitarbeitern beraten – anders bei zu einer kleineren Media-Agentur.

Die Akquisemechanismen der kleineren Agenturen ähneln den bereits beschriebenen Methoden. Zusätzlich ist es wichtig, dass Vertrauen beim Kunden aufgebaut wird. Wenn er überzeugt ist, dass sein Geld richtig investiert ist, lassen sich auch die Geschäfte mit ihm weiter ausbauen. Als Akquise-Ansatz eignen sich dazu aktuelle Themen. Diese können auch gerade aus dem Bereich der neuen Medien kommen – schließlich wird dort jeden Monat eine „neue Sau durchs Dorf getrieben". Auch kleinere Unternehmen können einen entsprechenden Bedarf haben, wenn es um Themen wie Social Web, Blogs usw. geht. Kleinere Media-Agenturen sollten sich generell auf die Felder konzentrieren, die die großen links liegen lassen, weil sie ihnen zu wenig profitabel sind.

Selbst wenn dies als New-Business-Ansatz spannend sein mag, bleibt die Frage, ob man damit wirkliche Werte für den Kunden schafft. Schließlich ist der TKP (Tausender-Kontakt-Preis) im Web dramatisch gesunken. Überhaupt scheint das Internet zwar zu sofort messbaren Ergebnissen zu führen – ob diese auch abverkaufsrelevant sind, ist allerdings schwer nachvollziehbar. Dies zeigt sich auch daran, dass es kaum unternehmerisch erfolgreiche Modelle gibt. Facebook und Co werden zwar stark gehypt, doch Gewinn haben sie bis heute keinen gemacht.

10.

Rund um den Globus oder: Wie geht New Business woanders?

Schaut man sich das New Business außerhalb Deutschlands an, so sieht man, dass in bestimmten Gegenden Pitch-Berater eine wichtige Rolle spielen. Das sind Unternehmen, die sich auf den Prozess der Agenturauswahl spezialisiert haben und hier werbetreibenden Unternehmen eine Komplettlösung anbieten.

In Deutschland ist die Bedeutung der Pitch-Berater noch eher gering. Doch auch hier wird für immer mehr Unternehmer die Auswahl der richtigen Agenturen zu einer schwierigen Aufgabe. Denn da sich der Kommunikationsbereich zunehmend spezialisiert, müssen sich die Nachfrager immer stärker auch mit Nischenanbietern auseinandersetzen. Hier sind pitchberatende Dienstleister eine wertvolle Unterstützung, zumal sie auch die weiteren Schritte wie Briefing und Vertrag abdecken.

Im anglo-amerikanischen Raum ist die Rolle der Pitch-Berater viel ausgeprägter. Sowohl in England als auch in den USA wird ein Großteil der Pitches über entsprechend spezialisierte Beratungsunternehmen durchgeführt. Diese übernehmen dort den gesamten Auswahlprozess: von der Ermittlung des entsprechenden Bedarfs über das Screening bis hin zur Pitch-Organisation.

Wie sich das New Business in anderen Ländern gestaltet, zeigen die folgenden Berichte:

Interview mit Nutsa Lelashvili, Account Director, Adstation/ Ogilvy, Tivlis (Georgien)

Has the importance of pitch-consultants changed in the last years?
Well, pitch consultants as you described them I guess do not exist on our market. The agency is selected with several methods, some companies prefer to delegate the job to the marketing or PR manager, in some cases people from general management play the biggest role in selection, tender is another common way and we frequently take part in different tenders we are invited to.

Has the importance of costs changed in the last years?
Costs and prices in general are top issues for the clients, Georgian entrepreneurs are extremely price sensitive. Therefore we have always problems with finding "win win" strategy, so that we are not too expensive for the client and at the same time the business can stay cost effective.

Pitches are just one way to choose a new agency. How important are pitches and how "fair" are they?
As I said, we do not have pitches. Here again we come to the specific situation in Georgia, we have a small country with comparatively small population, the most important and trustworthy source of information here is "word of mouth" meaning personal relationships. So agencies are frequently selected according to the contacts decision makers in the company have, and sometimes this personal relationships that grow into business relationships stay untouched even if the agency does not satisfy all the requirements or does not have enough experience to operate properly or fails in something else. This is a huge problem on our market because it ruins a healthy competition scheme, and for agencies without such relationships it is impossible to work with such companies.

What is most important in order to get in touch with a new client?

And here again I would say personal contacts are on top even though other ways exist too of course, and we are actually trying to use them. When we find a company that is interesting for us, we try to set a meeting preferably with general management and present our portfolio. Usually companies agree to give us a chance, and we make them a proposal on some project and then they make the decision.

What is most important for being able to work for a new client?

It'is a bit difficult to say that, we do not have too much agencies here, especially those that have long experience. Portfolio is important. Record of projects accomplished, prices are also important because the budgets are limited. For companies operating in more than one country the fact that we are international is very important, international brands also pay attention to that, they seek for a worldwide known agency.

How long does it normally take from your first contact to the first job for a new client?

If the first contact is successful we usually get order within a month. But this is the best outcome and is rare, unfortunately.

Is there something special in your country concerning new business?

Our country has lots of specialties in regard of business making, and that has to be taken into account necessarily. The country itself is in a developing stage and so are the industries here. Some industries are more successful, some just start to learn walking. Advertising industry in general is in a difficult condition because it's a young business and businesses have not yet learned how to use them. Advertising agencies are more considered like another marketing department you have, so usually companies either make agencies inside the company (hire designers and creative directors etc.) or do not see the need to have a marketing manager any more when partnering with an agency. Another specialty I guess is that 99 percent of advertising agencies in Georgia have production inside or are a production house themselves, they have printing houses, studios, billboards, media houses etc. and successfully manage to rent and sell them which is not correct and I guess years will be needed so that advertising industry will start operating as it should.

Stephan Beringer, Tribal DDB Worldwide, Executive Vice President EMEA, London, über New Business in Russland, der Tschechischen Republik und Polen

Has the importance of pitch-consultants changed in the last years?
Pitch-consultants are being hired in the context of major online businesses and technology projects. These are technology platform guys, usability specialists, e-commerce experts. Examples: pitches for telecoms, financial clients and e-commerce. Else 90 percent of tenders are still organized and managed by the client and we cannot see a tendency towards consultants.

Has the importance of costs changed in the last years?
Two years ago costs probably weighed 30 to 40 percent, today it is 60 to 70 percent. The importance of cost can also be felt in terms of a certain risk adversity and stronger need for predictive proofs of concept.

Pitches are just one way to choose a new agency. How important are pitches and how "fair" are they?
Pitches are the dominating form of agency selection, also because there still is a lack of practice in terms of long-term commitment and retainer-based work. The pitches are generally fair, relationships and chemistry before and during the process however are playing a very important role.

What is most important in order to get in touch with a new client?
Networking and relationship building outperform public efforts s.a. conferences or PR by far. This requires heavy investment from agencies who need to customize their activities for every prospect.

What is most important in order to win a pitch?

A transparent and competitive offer (cost), relationship and chemistry including a strong understanding of the clients business and challenges, convincing solutions with a clear roadmap, and exciting perspectives, references, and proofs of capabilities.

How long does it normally take from your first contact to the first job for a new client?

After a pitch not more than two to three months. An overall process that includes building a relationship and getting on a pitch list will usually take between six months and one year.

Is there something special in your country concerning new business?

Digital is less mature and therefore requires a stronger educational cycle. Else it is probably fair to say that relationships play a stronger role than for example in anglo saxon markets.

Interview mit John Goodman, President Ogilvy & Mather Japan (Tokio)

Has the importance of pitch-consultants changed in the last years?
There are no pitch consultants that I know of in Japan.

Has the importance of costs changed in the last years?
Not significantly.

Pitches are just one way to choose a new agency. How important are pitches and how "fair" are they?
Pitches are important but often not ‚fair' in that there are many outside factors at play. However they are still an inevitable way of selecting an agency.

What is most important in order to get in touch with a new client?
Personal contacts.

How long does it normally take from your first contact to the first job for a new client?
With Coca Cola Japan it was ten years! Usually a year or two.

Is there something special in your country concerning new business?
Clients don't put their whole business up for pitch usually. It's a lot of small pitches for different projects. The pitch field is usually very tight – Dentsu, Hakuhodo, ADK, and us.

Interview mit Anthony Gibson, CEO Leo Burnett, Germany (Frankfurt)

Has the importance of pitch-consultants changed in the last years?

Yes,it has. More in some countries than in others. The UK and USA seem to be the most developed when it comes to pitch consultants. I see consultants playing a big role with clients. Clients are not experienced in pitches and consultants can certainly help. On the other hand I do not like to think that the initial selection of agencies is based on consultants when I find that not enough know me well. I prefer to get on the pitch list through my own initiatives and then let the consultants manage the process of the pitch.

Has the importance of costs changed in the last years?

Yes,it has. Pitching has become a costly business. More agencies are competing on the execution value of their ideas and clients seldom pay for the pitch costs. If you are lucky you get a part of the out of pocket costs covered.

Pitches are just one way to choose a new agency. How important are pitches and how fair are they?

New business is the new blood that allows agencies to grow. Not only absolutely from a business perspective but in order to keep your best people motivated and to attract better talent in the market you have to win new business.

Personally I think pitches are abused. Too often I feel there are too many agencies invited and that the whole pitching circus is done to defend a decision. It seems that decisions of this type now have to have the back up of a bitch. I prefer it when the potential client makes a direct decision or has a shoot out between two agencies.

What is most important in order to get in touch with a new client?
I believe the most important thing is to try to understand their business and their market. When I won the McDonald's pitch in Spain and then in Portugal we insisted on working in a McDonald's before the pitch. You absolutely need to have a feel and understanding of the clients' business.

What is most important for being able to work for a new client?
Creating ideas that have the opportunity to change human behaviour. Great work, which achieves sales, is the most important thing.

How long does it normally take from your first contact to the first job for a new client?
Normally three to nine months, although I have had an example where it took me four years.

Is there something special in your country concerning new business?
I feel all countries will see an increase in pitches and new business opportunities due to the crisis. It is not enough to be ok; clients will be demanding the very best in terms of great ideas, creative execution, service, and results.

Interview mit Alison W. McConnell, Chief Marketing Officer, Leo Burnett Worldwide, USA (Chicago)

Has the importance of pitch-consultants changed in the last years?

Pitch consultants are responsible for approximately 24 percent of pitches in the United States (source: AAAA – American Association of Advertising Agencies). Beyond those pitches, however, consultants play an important role both as experts in what clients are looking for in their partners and in influencing decisions. Pitch consultants can be well connected to both marketing executives and the media, which can put them into a uniquely powerful position.

Has the importance of costs changed in the last years?

Costs are always a critical component in a client's decision to work with a new agency. I would say, however that the real issue is efficiency and how to best manage your communication agency or agencies to ensure you are running your business in the most efficient manner.

One example I can provide here is a collaboration of sister agencies we formed for the Nintendo business in the US. Nintendo works with Leo Burnett for creative and three of its sister agencies, Starcom for media, Arc for promotions and Digitas for digital services. But the overall business is led by just one of the agencies with staffers of the other agencies reporting directly into the "lead" agency. This allows for not only greater collaboration between disciplines, but also provides the clients with one agency leader to help manage the overarching business. This type of structure can exist for sister agencies as well as for collaborating agencies in distinct networks. The result of this level of collaboration can provide the most benefit on the client side as it eliminates the need to have client teams managing different agencies and the communication between those agencies.

Pitches are just one way to choose a new agency. How important are pitches and how "fair" are they?

Pitches, with or without a pitch consultant leading them, are critically important in the US as they play a major role in how business is determined. The pitch process can help client teams get to know an agency more intimately, particularly if they have not worked together before. The fact of the matter is that the group of people who make decisions to work with an agency partner can become quite large, so it is a helpful process to ensure that decision makers on the client side have "experienced" the agency – in how they work together, approach business problems, and develop creative solutions. It is also a chance for the agency to get to know the clients a bit more – the way a pitch is led is often an indicator of how the relationship will be managed ongoing. While all of these things are relevant, one cannot ignore the need to build relationships prior to a pitch and ensure that your agency's reputation is strong and positive in the marketplace.

What is most important in order to get in touch with a new client?

Relationships are key to starting a conversation, but quickly thereafter it is critical to have a clear point of view on the category and issues a client may be facing in his or her business. Exposure in the marketplace as an agency that is a leader in a client's business category (both from a creative and thought leadership perspective) can also help to open doors and drive connection between clients and the agencies that are appropriate for them.

What is most important for being able to work for a new client?

We believe that a shared purpose is critical; the belief that human behaviour can be transformed by creativity and that communication can only create value if it is of immediate human value to the people who receive it. If we agree that people are the starting point of communication and that creativity is a way to connect, delight and inspire people our partnership will be successful.

How long does it normally take from your first contact to the first job for a new client?

This varies widely from client to client. Ideally, we are contacted by clients who know our capabilities, love our creative product, and have heard about our track record of strong client partnerships. In these cases, many clients have already determined that they want to work with us. So, it is then just a matter of us working together to build the relationship, understand the brands' true purpose and get to great creative product. On the flip side, in some relationships we go through a very formal process of pitching against a variety of agencies through several rounds, then contract and scope negotiations; in these instances it can take up to one year in my experience.

Is there something special in your country concerning new business?

New Business I believe is universal in many respects. It relies on reputation, relationships, a willingness to collaborate and above all superior creativity.
The US market is no different, however, the number of pitches that are initiated and completed in a year coupled with the number of clients operating in multiple markets may be significant compared to other markets. In addition, the need to collaborate across partners and agencies has become an increasing area of focus for us in the past few years. As the communication industry has become increasingly complex for clients, Leo Burnett has had the opportunity to develop many unique operating models that allow for cross market and cross function leadership and collaboration. Each model is truly unique based on the clients need, but is critical in a market with such a significant multinational client base.

Die folgenden Statements stammen aus dem Euro RSCG Network und wurden von Andreas Geyr (CEO Central Europe) zusammengetragen

Frankreich

Has the importance/relevance of pitch-consultants changed over the last years?

I would say, it is pretty much the same on advertising business but much more developed than it was on media and BTL (CRM, Digital, PR).

Has the importance of costs as a pitch winning criteria changed over the last years?

Yes definitely, the procurement people are always in the pitch team and sometimes lead the process. Nevertheless, I don't think that money makes the decision more than before. The role of consultants is healthy and helpful on this matters (keeping value for agencies and focus on ideas).

Pitches are just one way to choose a new agency. How important are pitches in comparison to other activities such as personal contacts etc. and how fair are they?

Pitches remain 80 percent of the new business.

What is most important in order to get in touch with a new client?

Reputation. Reputation. Reputation.

What is the most important part for winning a pitch? E.g. the creative, the chemistry, the strategy etc.

The three of them in equal terms.

How long does it normally take from your first contact to the first job for a new client?

No rules on that. From two to twelve months, depending on the operational need of the client.

Are there any particular local rules or specials in your country concerning new business?

Belonging to one of the two dominant groups (Publicis and Havas) is an asset to bid for top 40 companies.

Spanien

Has the importance/relevance of pitch-consultants changed over the last years?

The relevance of pitch-consultants has changed a lot over the last years. Consultores de Publicidad have achieved a dominant position in the market in Spain.

Has the importance of costs as a pitch winning criteria changed over the last years?

Absolutely. Cost is one of the most important criteria for pitch winning.

Pitches are just one way to choose a new agency. How important are pitches in comparison to other activities such as personal contacts etc. and how fair are they?

Pitches. This is the way. Personal contacts are key in the process but no matter what they will always be part of a pitch process.

What is most important in order to get in touch with a new client?

You need to have a capable proof of what you're expected to give to the client. Experience is key in such a process but also the capability to project other experiences.

What is the most important part for winning a pitch? E.g. the creative, the chemistry, the strategy etc.

Strategy and creativity. Strategy is key since it is the base for a creative approach.

How long does it normally take from your first contact to the first job for a new client?

Years. The most common situation is when you've met a prospect for a long period and you end up having a chance to present something to the client.

Are there any particular local rules or specials in your country concerning new business?

For public administration it is key to have contacts. For private levels it is key to achieve high standard achievements.

Portugal

Has the importance/relevance of pitch-consultants changed over the last years?

In Portugal the relevance of pitch-consultants has been minimal. We have one single case of a client having hired a consultant firm to handle the pitching process, and what we have seen in that case was that the consultant acted only as a process organizer adding small value to the client.

Has the importance of costs as a pitch winning criteria changed over the last years?

We have been witnessing an increasing concern with costs, especially in the current economic context. Nevertheless, the costs structures are seldom a winning criteria. Effective creativity and delivery capabilities are the main focus points of the pitches in which we've been recently involved. Our clients will make sure that our costs are market-competitive, but they will make their selection decisions based on other factors.

Pitches are just one way to choose a new agency. How important are pitches in comparison to other activities such as personal contacts etc. and how fair are they?

There are several ways to choose an agency and we've been seeing it happen in our markets. I would say that pitching processes are the last step to winning an account. Personal contacts are essential to give you access to the decision-makers in your potential clients, but they will only take you so far.

Competitive pitches are the ultimate face-to face opportunity to show your full-fledged capabilities, to show that you have the right vision for the account, the right resources and the right attitude to handle the client's brand. In the end, the handing over of an account is a personal act of trust between the decision-maker and the head of the pitch, but you have to have the opportunity to show that you have what it takes to handle the responsibility, and the best way to do that is to do it in a competitive process that forces you to present the best work you can.

What is the most important part for winning a pitch? E.g. the creative, the chemistry, the strategy etc.

Solid strategic rationale and knowledge of the client's key areas of concern.

Effective creativity and focus on the client's objectives. „Delivery" capabilities. Enthusiasm.

How long does it normally take from your first contact to the first job for a new client?

There is no standard, it varies a lot.

Are there any particular local rules or specials in your country concerning new business?

Not that I know of.

Belgien

Has the importance/relevance of pitch-consultants changed over the last years?

Yes, tremandously. Since ages they were managing 30 to 40 percent of the market, since 2008 they are managing 50 to 60 percent. Why? Opportunistic development of the offer by previous agency/clients acting now as consultants and leveraging their network. But also market specifics. – Fragmentation of the agency offer and explosion of need for integrated approaches creates big confusion in clients mind as far as agency offering. Average TOM of agencies in strong decline. Qualitative awareness of agencies in strong decline too.

Has the importance of costs as a pitch winning criteria changed over the last years?

Not so much in Belgium even if it might sound strange. I have not been facing strong procurement departments or very tough financial discussions with prospects. And almost none with government tenders. Unlike with clients who abuse their dominant relationship at the moment to squeeze agencies. As in real life.

Pitches are just one way to choose a new agency. How important are pitches in comparision to other activities such as personal contacts etc. and how fair are they?

Pitches are the almost only way, but personal relationship plays a key role in getting to final stages. Lobbying is a key part of creating a competitive advantage provided relationship is based on creating value as opposed to just friendship. Pitches seem fair. Clients are in such a need for solutions that they tend to choose the best partner in their eyes.

What is most important in order to get in touch with a new client?

Find a solution to his issues. Showing empathy to his problems. Sell him people and ideas, not agencies. Structure.

What is the most important part for winning a pitch? E.g. the creative, the chemistry, the strategy etc.

In the order of preference:

- Daring to win
- Acting as a strong team, not a collection of individuals
- *Emotionally understanding and connecting with a client*
- *Acting as superior professional with a great idea for their brand and business*
- *And again daring to win!!*

How long does it normally take from your first contact to the first job for a new client?

Impossible to answer.

Are there any particular local rules or specials in your country concerning new business?

No.

Norwegen

Has the importance/relevance of pitch-consultants changed over the last years?

Pitch consultants are seldom used in Norway.

Has the importance of costs as a pitch winning criteria changed over the last years?

More importance recently.

Pitches are just one way to choose a new agency. How important are pitches in comparison to other activities such as personal contacts etc. and how fair are they?

Big clients use pitches, also some mid sized or smaller companies. It is the most common way of choosing agencies. Other ways of winning clients is through personal contacts, or if the agency gets a small job for a client and delivers good, the account tends to grow.

What is most important to get in touch with a new client?

Call them. Government/non-private accounts are approached via official contract notices.

What is the most important part for winning a pitch? E.g. the creative, the chemistry, the strategy etc.

Creative.

How long does it normally take from your first contact to the first job for a new client?

From six months and up to two years.

Are there any particular local rules or specials in your country concerning new business?

No.

Schweden

Has the importance/relevance of pitch-consultants changed over the last years?

They are becoming more important. Five years ago communication consultants did not exist. Every third pitch is with consultant nowadays.

Has the importance of costs as a pitch winning criteria changed over the last years?

Cost has improved but it is not a big change, yet it is still important.

Pitches are just one way to choose a new agency. How important are pitches in comparison to other activities such as personal contacts etc. and how fair are they?

They kind of go hand in hand, you use personal contacts to get into a pitch. Pitches are fair in the Swedish market.

What is most important in order to get in touch with a new client?

A strong case history.

What is the most important part for winning a pitch? E.g. the creative, the chemistry, the strategy etc.

We tend to have different kind of pitches, but if consultant in the picture they recommend against a creative pitch, prefer strategic pitch.

How long does it normally take from your first contact to the first job for a new client?

Around three months.

Are there any particular local rules or specials in your country concerning new business?

No, maybe the point about consultants warning against being sedued by a creative pitch. Start getting paid for pitches, even if it is a small amount.

Finnland

Has the importance/relevance of pitch-consultants changed over the last years?

There is only one pitch consultant in Finland. She has been in business for about eight years and is typically used by companies that have little or no experience of working with/choosing agencies. These companies are usually in the B2B sector, for example the most recent pitches she has had involvement in have been state oil company Fortum, credit card issuer Luottokunta. Experienced brand houses rarely if ever use such services. I wouldn't say that the importance or relevance has changed over the years.

Has the importance of costs as a pitch winning criteria changed over the last years?

Costs are becoming an ever more important consideration in our market. Increasingly smaller companies are offering services at a very low rate that is not sustainable for a company of our size. Recently we were the preferred creative proposal however a competitor had a cheap to implement proposal which the customer finally chose, this decision was based on cost as the customer admitted. However we are aware that to be the cheapest is also not the right way to go as customers are sceptical of very low prices. A number of recent pitches have been on the basis of process and cost proposal alone, without the creative element and this seems to be an increasing trend. Customers acknowledge that the main agencies can all execute good creative and therefore either screen agencies through cost/process before settling on the final round of usually three agencies for creative pitch or skip the creative part altogether.

Pitches are just one way to choose a new agency. How important are pitches in comparison to other activities such as personal contacts etc. and how fair are they?

Personal contacts often play an important role in getting on the pitch list, however pitches in Finland are conducted completely honestly. There is zero tolerance for corruption. It is virtually impossible to influence decision makers outside of the pitch process however perceptions is always formed by reputation, creative success etc.

What is most important in order to get in touch with a new client?

A reason for calling, something new we have done, a new skill, and opportunity we see for the client, a proactive approach with a creative idea, there can be and are many good reasons.

What is the most important part for winning a pitch? E.g. the creative, the chemistry, the strategy etc.

I would evaluate the importance equally although as said earlier the costs are increasingly important.

How long does it normally take from your first contact to the first job for a new client?

These are not normal times and we see that clients are taking significantly longer to make decisions or commit. Usually if a pitch is called the time scale is between four and six weeks depending on the number of rounds. However as said, this is not longer as clients are wary of committing themselves.

Are there any particular local rules or specials in your country concerning new business?

Not really. Occasionally clients will pay up to 10.000 Euro for creative proposals in the final round of pitching much like architectural competitions. But this is not usual. Sometimes pitches are public which means any one can enter, on other occasions entries are by invitation only. The most desirable brands and companies are usually by invitation.

Dänemark

Has the importance/relevance of pitch-consultants changed over the last years?

Yes, a little bit. A new pitch-consultant-agency started two to three years ago and for the first time we see that „trend" in Denmark.

Has the importance of costs as a pitch winning criteria changed over the last years?

Yes, over the last years, costs have been more and more important.

Pitches are just one way to choose a new agency. How important are pitches in comparison to other activities such as personal contacts etc. and how fair are they?

The importance of pitches and personal contacts is 50/50 percent.

What is most important in order to get in touch with a new client?

Personal relations and the right timing.

What is the most important part for winning a pitch? E.g. the creative, the chemistry, the strategy etc.

The chemistry.

How long does it normally take from your first contact to the first job for a new client?

Very different. Everything between many years and a couple of months.

Are there any particular local rules or specials in your country concerning new business?

No.

Interview mit Peter Fitzhardinge, General Manager, Leo Burnett Australia (Sidney)

Has the importance of pitch-consultants changed in the last years?

Definitely yes.

Pitch consultants have steered Clients away from making their decision based soley on the pitch itself. Clients are now looking at a longer pitch period to allow them to get to know the agency and the people. "Chemistry Sessions" and "Workshops" allow the Client to get a feel for agency process and thinking.

The pitch day itself is still important as it should be the very best of the agency on show but smarter clients know you are ultimately buying the people who will work on your business. In the past, too many Clients have been wooed by the big guys on the day and never see them again until the contract comes up in three years.

Government accounts are still pretty much won or lost on the day as the process precludes sessions that may favour one agency over another but most corporate accounts are pitched over a series of engagements and interactions.

Relying purely on what gets pitched on the day seems a little at odds with what marketers are searching for from their agencies. Besides 80% of what is pitched never runs.

Has the importance of costs changed in the last years?

Everyone is counting every penny these days and everyone is more accountable but when clients buy purely on price, the relationship becomes only transactional and not based on value.

If Clients screw the agency down to a cheap price during the pitch, they will ultimately get a poor level of service. Sure they'll get the 8 bums of seats they negotiated in the retainer but they won't be the agency's best. The agency can't afford to do it.

Both parties are entitled to make a profit. If your agency is not making money, eventually they won't be able to afford to be around and then no-one wins.

Pitches are just one way to choose a new agency. How important are pitches and how "fair" are they?

Pitches are incredibly important as this is still the main way that Clients choose an agency. They are still the 'test' to see what the agency is capable of. If you win it's fair, if you lose it's not. Business is rarely fair and a lot of politics usually surrounds any pitch. Someone always knows someone and there are hidden agendas. You win some, you lose some.

What is totally unfair is when a Client has already made up their mind but insists on a pitch process to make it look like it's open. Pitches can cost hundreds of thousands of dollars and this is simply wasting everyone's time and money.

If a Client wants to work with a particular agency, have the courage to just do it and live with your choice.

It's like asking someone on a date, you just do it.

What is most important in order to get in touch with a new client?

Definitely the person.

You've got to take an interest in their industry. Go to the right functions and forums and be seen to be part of the game. Pitching is a long game these days. It can take two years to finally get a shot at a piece of business. You've got to stick at it.

What is most important in order to win a pitch?

Have a process that leads to a strong point of view. You have to tell them something they don't know along the way.

A process is important so they don't feel you have just made it up or winged it.

The strategy is more important than the creative. The creative may turn them on but it's usually a shot in the dark. The strategy shows that you are truly ideas people.

How long does it normally take from your first contact to the first job for a new client?

Most contracts are for three years. It's pointless thinking about a contract you don't have when it has come up for pitch. The game is already over by then.

The key thing is to be on the shortlist and you should start the engagement at least two years out. You should be giving them value throughout the two year period so they have a constant reminder of you and feel they owe it to you to give you a shot.
It also allows you to pick up a project along the way if their current agency fails to solve a brief.
Projects is a great way to showcase your capabilities and get them to love you so when the pitch finally comes up, they know you and feel giving you the business is the obvious answer.

7. Is there something special in your country concerning new business?
80 percent of the creative that is pitched never runs. That tells you that the people and the thinking are the key points to deliver during the process.

Rahim Sheivari, Geschäftsführer, WKS Dialog Marketing, Iran (Teheran)

Überblick

Bevor ich Ihre Fragen beantworte, möchte ich gerne einen kurzen Überblick über die Werbung und deren Entwicklungsverlauf im Iran geben. Dabei möchte ich – da meiner Meinung nach irrelevant – nicht sehr tief auf die Geschichte und die politischen Hintergründe der momentanen Lage eingehen.

Werbung in TV und Zeitungen – die beiden wichtigsten Massen-Werbemedien im Iran – gibt es bereits seit mehreren Jahren. Dabei sind folgende Aspekte wichtig:

- TV und Zeitungen stehen unter extremer staatlicher Beobachtung.
- Sie sind sehr teuer.
- Da sie eine lukrative Einkommensquelle darstellen, werden sie von hochrangigen Staatsmännern oder deren Verwandten geleitet.

Aufgrund dieser Begrenzung der Werbemedien hat sich der Gedanke Werbung = Fernsehwerbung im Iran etabliert. Demnach war bis vor Kurzem der Begriff Media-Planning ein Fremdwort. Dies hatte zur Folge, dass die damals sogenannten Werbeagenturen lediglich Design-Aufgaben übernommen haben und der Begriff Werbeagentur dem Begriff Kreativagentur gleichgesetzt wird. Die Produktion von Werbeclips wurde und wird immer noch von Agenturen erledigt, die in engem Kontakt mit den oben genannten Staatsmännern stehen, denen sie auch meist gehören.

Allerdings gab es einen Wandel in diesem Markt: das Aufkommen von Billboards, der nächsten Generation von Massenmedien. Diese Entwicklung entstand meines Erachtens nach dem Boom in Dubai. Viele Iraner, die bis dahin aus vielerlei Gründen ihr Land nicht verlassen hatten (wegen Visumsbarrieren, finanziellen Barrieren oder Ähnlichem), sind nach Dubai geflogen. Dort konnten sie ihren Urlaub in Freiheit genießen, günstig einkaufen und einen europäisch-amerikanischen Lebensstil genießen.

Dabei sind den Iranern unter anderem zwei wichtige Punkte aufgefallen: Die Bedeutung der anspruchsvolleren Werbung sowie die Marktlücken bezüglich Werbemedien (vor allem Billboards) im Iran – diese gibt es in Dubai wie Sand am Meer.

Seitdem gibt es auch dieses Medium im Iran, allerdings in extremer Ausprägung. Diese Art von Werbung kann je nach Standort des Billboards bis zu 40.000 Euro im Monat kosten. Es liegt auf der Hand, dass auch dieses Medium zum Besitz von Staatsmännern und deren Verwandten gehört.

Bei dieser Einführung habe ich bewusst die kleineren, relativ unbedeutenden Werbearten wie Werbeflyer außen vor gelassen – sie werden zu 99 Prozent schwarz-weiß auf DIN A5 gedruckt und unter den Scheibenwischern von Autos platziert.

Mittlerweile gibt es alleine in Teheran hunderte Werbeagenturen. Sie bekommen beim Einkauf von Werbeboxen beziehungsweise -sekunden Rabatt – deshalb sind Kaufen und Verkaufen die wichtigsten Tätigkeiten neben dem Design.

Somit ist eine professionelle Media-Planung aus zwei Gründen sinnlos: Einerseits wegen der Knappheit der Werbemedien und anderseits, weil die werbetreibenden Unternehmen zu 99 Prozent selbst über die Art der Werbung, das Medium und die Ausstrahlzeiten entscheiden. Dies ist hauptsächlich vom Werbeetat des Unternehmens abhängig, weshalb normalerweise keine allzu großen Spielräume vorhanden sind. Das Budget wird sehr willkürlich gewählt (je nach dem, wieviel Geld für Werbung übrig ist), und die Zuteilung läuft ganz einfach so:

- Viel Geld vorhanden → TV-Werbung
- Ein bisschen weniger → Billboard
- Noch weniger → Zeitung
- Sehr viel Geld vorhanden → Multi-Channel

Ich wiederhole: Die Budget-Entscheidung wird intern im Unternehmen getroffen und die Agenturen sind hauptsächlich für den Einkauf zuständig.

Nun zu den Fragen:

Has the importance of pitch-consultants changed in the last years?

Pitch-Consultants gibt es im Iran nicht, aus dem einfachen Grund, dass „Pitch" im Iran quasi ein Fremdwort ist. Ich nenne Ihnen hier ein Beispiel, das ich selbst im Iran erlebt habe: Die größte Werbeausgabe im Iran wird von MTN-Irancell getätigt – ungefähr 75 Millionen Dollar im Jahr 2008. Hauptsächliche Medien: TV, Billboard, Print, diverse BTL-Maßnahmen (alles in allem sehr professionell). Diese Aktivitäten werden seit mehreren Jahren von der größten iranischen Werbeagentur verwaltet.

Es gab vor einem Jahr eine öffentliche Einladung zu einem Pitch. Dabei sollten Agenturen für dieses Budget eine ausführliche Planung anfertigen. Laut internen Quellen der bisherigen Agentur war diese Einladung nur ein Ablenkungsmanöver und das Ergebnis war von vornherein bekannt. Denn wer konnte sonst diese großen Summen verwalten und auch noch finanzielle Sicherheit bieten? Zu beachten ist, dass diese Agentur dem Sohn eines iranischen Ministers gehört, der von Beruf Arzt ist.

Noch eine interessante Sache: MTN-Irancell veranstaltete ein Gewinnspiel, bei dem unter seinen Kunden beziehungsweise Neukunden ein kleines Flugzeug verlost werden sollte. Andere Hauptgewinne waren mehrere BMWs, Handys usw. Wie gesagt, im Iran neigt man dazu, zu übertreiben, wobei nicht selten die Glaubwürdigkeit infrage gestellt wird. Es wurde leider damit derart übertrieben, dass die Iraner aus Spaß gesagt haben: Mittlerweile heißt es „kauf einen Kaugummi, gewinne einen BMW".

Außer der oben genannten Agentur gibt es noch zwei bis drei ganz große Agenturen, die auch hauptsächlich für große internationale Konzerne wie Samsung, Sony, Mercedes, P&G usw. arbeiten.

Has the importance of costs changed in the last years?

Wie bereits besprochen, werden die Werbebudgets sehr willkürlich und unkalkuliert gewählt. Dies gilt für nationale Konzerne – bei großen internationalen Konzernen führt meist deren europäischer Hauptsitz eine genauere Planung durch. Da den Unternehmen die Wichtigkeit der Werbung noch nicht ganz bewusst ist, wird jener Betrag dafür ausgegeben, der gerade übrig ist. Außerdem möchten die Unternehmen auch noch alles ausprobieren und quasi das Unmögliche möglich machen. Da ist es dann selbstverständlich, dass nicht die Qualität, sondern der Preis der wichtigste Faktor ist.

Das ist aber im Iran generell so – dort kann man nicht mit qualitativen, sondern mit günstigen Angeboten punkten. Das ist für die Deutschen, die einen gewissen Qualitätsanspruch haben, fast undenkbar.

What is most important in order to get in touch with a new client?

Im Iran ist ganz eindeutig die Beziehung der wichtigste Faktor. Es gibt noch eine Möglichkeit, die dort im Moment auch sehr beliebt ist: Bestechung.

Das läuft so: In einem großen Unternehmen gibt es normalerweise eine Marketingabteilung, die für die Auswahl der Werbeagentur zuständig ist. Jene Agentur wird das Projekt zugeteilt bekommen, die einen Anteil vom Budget an den Abteilungsleiter des Auftraggebers als Dankeschön für den Projektzuschlag zurückzahlt. Je höher dieser Anteil ist, desto höher ist die Chance, den Auftrag zu bekommen. Es ist zu beachten, dass das auftraggebende Unternehmen davon nichts weiß und nur die Person, die in dieser Abteilung arbeitet, davon profitiert. Es ist klar, dass die Qualität der Arbeit leidet, wenn ein Teil jenes Geldes, das in das Projekt investiert werden sollte, als Bestechung ausgegeben wurde.

Noch etwas: Iraner sind sehr gut in Sachen Vertragsabschließung. Mit großen Kunden werden zu 99 Prozent Exklusiv-Verträge abgeschlossen. Das heißt, die beauftragte Agentur ist die einzige, die alles bezüglich Werbung und Marketing erledigen darf. Es gibt demnach nicht die Möglichkeit für das auftraggebende Unternehmen, bei Bedarf andere Agenturen, die in anderen Bereichen spezialisiert sind, zu beauftragen.

How long does it normally take from your first contact to the first job for a new client?

Das ist abhängig vom Unternehmen und von der Agentur. Ist die Agentur groß und bekannt und kann sie gute Preise für den Werbemedium-Einkauf anbieten, geht das normalerweise schnell. Ist aber das Unternehmen kleiner, hat kein großes Budget und kann sich demnach keine bekannte Agentur leisten, dauert das in der Regel länger.

Ein Beispiel von einem unserer Kunden: Arvand ist einer der bekanntesten und ältesten Bürostuhl-Hersteller im Iran. Allerdings hat das Unternehmen seit fünf bis acht Jahren einen großen Marktanteil an einen neuen Hersteller abgegeben, der innovativer in Produktion, Werbung und auch Pricing ist.

Arvand wird geführt von einem Vater (74 Jahre alt, sehr altmodisch bezüglich Unternehmensführung) und seinem Sohn (42 Jahre alt, in den USA studiert, modernere Denkweise). Wir wurden vom Sohn beauftragt, für das Unternehmen zu arbeiten. Da bisher alles intern gemacht wurde und seiner Meinung nach die Werbung sehr sporadisch und nicht zielgerichtet war, wollte er, dass wir all dies komplett übernehmen. Nach acht Wochen, in denen wir einen genauen Plan angefertigt hatten, sollten nun die Verträge unterschrieben werden. Dafür sollten wir uns aber noch ganz kurz mit dem Vater treffen, der die Verträge unterzeichnen sollte. Sie ahnen bestimmt, was kommt: Der Vater war total dagegen. Seiner Meinung nach braucht sein Unternehmen überhaupt keine Werbung. Sogar die Werbung, die bis jetzt gemacht wurde, war zu viel. Er meinte sogar, dass 99 Prozent der Menschen seine Marke kennen. Es dauerte noch mehrere Wochen, bis wir die Änderungen in unseren Plan eingebaut hatten, die laut Junior-Chef seinem Vater gefallen konnten. Und das ging immer so weiter. Ich muss jetzt lachen, wenn ich heute die erste Verträge mit den letzten Versionen vergleiche.

Is there something spezial in your country concerning new business?

Generell ist im Iran die Bereitschaft, neue Ideen anzunehmen, sehr gering. Wir waren die ersten im Iran, die professionell Direktmarketing angeboten hatten. Viele wussten schon, welche Vorteile diese Art von Kundenkontakt bringen konnte, aber sehr wenige wollten das auch wirklich ausprobieren. Die Denkweise ist: Bevor wir irgendwo investieren, wo der ROI nicht sicher ist, machen wir lieber das, was sich als sinnvoll herausgestellt hat. Ich frage mich nur, wie sie den ROI von Billboards messen wollen. Was natürlich auch für uns ein Problem war, war die Tatsache, dass wir am Anfang keine namhafte Kunden vorweisen konnten. Sicherlich waren sie von unseren Kunden in Deutschland begeistert, aber sie wollten auch Arbeitsproben vom Iran sehen.

New Business in London und Amsterdam

Weil ich London und Amsterdam für besonders spannende europäische Städte in Sachen Werbung halte, habe ich dort mit einigen Agenturverantwortlichen gesprochen. Hier die Ergebnisse:

London

Vergleicht man das Neukundengeschäft in England und Deutschland, so fallen zwei große Unterschiede auf: Zum einen ist die Bedeutung von Pitch-Consultants sehr viel höher als in Deutschland. Je nach dem, ob man sich auf das Volumen oder die Anzahl der Pitches bezieht, die über die Berater zustande kommen, erhält man unterschiedliche Ergebnisse. Bei Agenturen mittlerer Größe gehen circa 50 Prozent des Volumens über Pitch-Consultants; bei Networks und großen inhabergeführten Agenturen können es schon bis zu 80 Prozent sein. Kleinere Etats, die normalerweise auch an kleinere Agenturen gehen, werden meist nicht von den Beratern vermittelt. Diese Unternehmen kommen auch über Cold-Calling an ihre Kunden. Bei Markenartiklern hingegen ist dies ein fast wirkungsloses Instrument, da man hier höchstens mit dem Sekretariat sprechen kann.

Wie wichtig Pitch-Berater in Großbritannien sind, zeigt sich auch an der Häufigkeit, mit der man mit ihnen spricht; mit den wichtigsten redet man ein bis zwei Mal pro Monat. Diese Dienstleister werden dabei entweder direkt von den werbetreibenden Unternehmen beauftragt und auch ausschließlich von diesen bezahlt. In einer anderen Variante erhalten sie zum größten Teil vom werbetreibenden Unternehmen ihr Geld, bekommen aber zusätzlich von der gewinnenden Agentur einen vorher definierten Prozentsatz. Es gibt auch Konstellationen, wo man als Agentur Mitglied bei einer Organisation werden muss und dann bei entsprechenden Pitch-Anfragen von dieser berücksichtigt wird. Solche Dienstleister bieten aber in der Regel sehr viel mehr als ausschließliche Pitch-Beratung.

Warum werden Pitch-Berater überhaupt so massiv eingeschaltet? Warum sprechen – wie in Deutschland – die Marketingleiter nicht direkt mit den Agenturen? Warum geben Unternehmen manchmal viel Geld für einen Auftrag aus, der von deutschen Firmen meist selbst erledigt wird? Als Marketingdirektor hat man zum einen nicht zwangsläufig die zeitlichen Ressourcen, um sich um die Agenturauswahl zu kümmern. Man hat so viel zu tun, dass für Kommunikationsfragen nur noch 10 Prozent des zeitlichen Gesamtbudgets zur Verfügung stehen. Dies hat wiederum zur Folge, dass die Marketingverantwortlichen nicht alle relevanten Agenturen für eine bestimmte Aufgabe im Markt kennen, geschweige denn screenen können.

Ein weiterer wichtiger Grund für den Einsatz von Pitch-Beratern ist die wachsende Bedeutung des Einkaufs. Die entsprechenden Mitarbeiter drängen darauf, einen neutralen Dritten die entsprechende Auswahl durchführen zu lassen, um keine Gefälligkeitsgeschäfte oder ähnliches zu ermöglichen. Genau wie in Deutschland hat auch der Einkauf in England eine längere Lernphase benötigt, um zu verstehen, wie man kreative Dienstleistungen beschafft. Und genau wie in Deutschland ist auch in England das Ziel des Procurements, Kosten zu verbessern und Transparenz zu schaffen.

Der nächste große Unterschied bei der Neukundengewinnung besteht darin, dass englische Unternehmen bei einer Credential-Präsentation auch intensiv über einen Agenturwechsel nachdenken. In Deutschland hingegen unterhalten sich die Agenturen mit einem Unternehmen und warten unter Umständen viele Monate auf einen Auftrag oder einen Pitch. Auf eine Präsentation mit schnellem Ergebnis bereitet man sich dann auch entsprechend intensiv vor. Dies ist auch deswegen wichtig, weil eine Agentur zwar normalerweise eine Stunde Zeit hat, es aber dringend geraten erscheint, davon nur ein Drittel für die eigentliche Agenturpräsentation zu verwenden. In der restlichen Zeit wird man sich mit dem potenziellen Neukunden unterhalten, seine Probleme besprechen und Lösungsansätze suchen.

Wichtig ist es bei einer solchen Präsentation grundsätzlich, erfolgreiche Referenzprojekte anzuführen. Während dies die deutschen Agenturen hauptsächlich über „bunte Bilder" transportieren, stehen in England quantifizierbare Ergebnisse im Mittelpunkt. Immer mehr Agenturen im UK belegen ihre Arbeiten mit Zahlen. Was hat die Kampagne dem Kunden konkret gebracht? Lässt sich vielleicht sogar zeigen, wieviel mehr verkauft wurde oder wie sich die Anzahl der Kontakte verändert hat, nachdem die Kampagne der Agentur on air ging? Vor allem wenn der Einkauf an solchen Gesprächen teilnimmt, ist die Präsentation von ergebnisrelevanten Zahlen nahezu ein Muss. Die grundsätzliche Schwierigkeit besteht in England wie in Deutschland darin, die entsprechenden Zahlen zu erhalten und zeigen zu dürfen. Wenn sie sie nutzen können und dürfen, so sollten auch Agenturen in Deutschland ihre erfolgreiche Arbeit viel stärker mit Zahlen belegen. Jeder Kunde will Sicherheit, und mit einer solchen Darstellung kann man dies unterstützen.

Wie in Deutschland, so besteht auch in England der Auswahlprozess aus unterschiedlichen Stufen: In der ersten Runde existiert eine Longlist von bis zu zehn Agenturen; diese wird auf eine Shortlist von bis vier Agenturen reduziert, die dann zum eigentlichen Pitch antreten. Was die Vergütung eines solchen Wettbewerbes angeht, so geht es den englischen Agenturen wie den deutschen: Eine Honorierung ist die Ausnahme. Nur manchmal erhält man einen kleinen – nicht annähernd kostendeckenden – Betrag.

Auch der Ablauf einer typischen Credential-Präsentation unterscheidet sich von der deutschen Vorgehensweise. Man sieht dies schon an den verwendeten Begrifflichkeiten, da diese Präsentationen manchmal auch als Chemistry Presentations bezeichnet werden. Die Agentur versucht hier, größtmöglichen Enthusiasmus zu zeigen und eine starke Motivation zu vermitteln, für den Kunden arbeiten zu wollen. Hier werden zwar auch Powerpoint-Präsentationen gezeigt, diese dauern aber nur kurz. Dabei gehen manche Agenturen sogar wieder einen Schritt zurück und arbeiten stärker mit Moodboards. Einige Agenturen zeigen auch kleine „Theateraufführungen" und bauen den entsprechenden Teil des Shops eines potenziellen Handelskunden nach. So lässt sich anschaulich über die vorgeschlagenen Veränderungen sprechen. Außerdem können die Beteiligten viel einfacher zu einer anschließenden Diskussion kommen und einen Dialog erreichen.

Betrachtet man die Positionierung von englischen Agenturen, so findet man traditionell eine viel stärkere Spezialisierung. So etwas wie integrierte Kommunikation wird von sehr kleinen Agenturen nur selten angeboten und wenn, dann eher von Agenturen auf dem Land. Der 360°-Ansatz ist viel mehr bei Networks verbreitet. Auch die größeren inhabergeführten Agenturen bieten mehr als eine Leistung an, verstehen sich aber nur in seltenen Fällen als integriert arbeitend. Holistische Kommunikation wird deswegen als so schwierig betrachtet, weil man dem Kunden gegenüber nicht glaubhaft darstellen kann, dass man alle Disziplinen erfolgreich abbilden kann. Die Agenturen sind sich viel stärker als in Deutschland bewusst, dass das notwendige Know-how in seiner gesamten Breite und Tiefe bei einer kleinen Agentur nicht vorhanden sein kann.

In England ist auch der Unterschied zwischen Großagenturen und inhabergeführten wesentlich größer. Networks haben einen klaren Fokus auf multinationale Marken, obwohl sie gerne mehr für nationale Kunden arbeiten würden. Aber das gelingt ihnen meist nicht, weil sie von den Kunden nicht als britische Agenturen wahrgenommen werden, sondern als Ableger von internationalen Unternehmen. Ihnen wird, vielleicht auch mehr von den inhabergeführten Agenturen, weniger Biss unterstellt. Networks eilt auch der Ruf voraus, zu langsam zu sein. Ein Network wird auch immer einen Teil seines Neukundengeschäftes mit internationalen Kunden machen, sodass es weniger Bedarf hat, für nationale Kunden zu arbeiten.

Amsterdam

Warum Amsterdam? Warum entstehen in einer so kleinen Stadt so viele kreative Hotspots, die dann auch noch von dort aus Kampagnen machen, die den gesamten Globus abdecken und Kreativ-Preise in Hülle und Fülle einheimsen? Auf Agenturseite sind hier die üblichen Verdächtigen wie KesselsKramer oder Amsterdam Worldwide bekannt. Warum wählen so viele Agenturen, die ihren Hauptsitz in den USA oder Kanada haben, ausgerechnet Amsterdam als ihren europäischen Standort? So kommt unter anderem die Agentur Sid Lee aus Kanada und ist seit kurzer Zeit in Amsterdam ansässig.

Ein Grund liegt sicher in der Größe dieser Stadt. Sie ist nicht so groß und unübersichtlich wie London, hat aber doch so viele Einwohner, dass man sich nicht ständig über den Weg läuft. Sowohl die Mitarbeiter als auch die Inhaber von Agenturen sind zum Beispiel davon begeistert, dass sie ihre Kinder morgens um 8.30 Uhr mit dem Fahrrad zur Schule bringen können und dann sehr schnell in der Agentur sind.

Amsterdam hat aber auch eine zentrale Lage in Europa. Von hier aus ist man mit dem Zug in vier Stunden in Frankfurt und noch schneller in London. Auch Paris ist kein Problem. Entscheidend ist auch, dass fast jeder Holländer Englisch spricht – und das meist recht gut. Amsterdam lässt bezüglich Weltoffenheit, kosmopolitischer Lebensart und Liberalität jede deutsche Stadt weit hinter sich. Dies fängt bei den berühmten Coffeeshops an und hört bei der geringen Bürokratisierung der Geschäfte von Agenturen und Kunden auf. „Hier hat man weitestgehend seine Ruhe; von deutschen Kollegen höre ich immer wieder, dass Behörden ständig neue Unterlagen wollen und man als Verantwortlicher viel Arbeit und Zeit in die Beantwortung steckt. So etwas gibt es hier nicht!", so der Geschäftsführer einer inhabergeführten Agentur.

Amsterdam war aber auch schon immer eine sehr offene Stadt. Dies hat auch damit zu tun, dass Holland als kleines Land eine gewisse Orientierung nach außen braucht, weil es alleine nicht überleben kann. Auch deswegen bekommt man in Amsterdam Werbung mit paneuropäischem Charakter. Der englischen, französischen oder deutschen Werbung hingegen sieht man ihre Herkunft an.

An den Agenturen in Amsterdam fällt auf, dass sie oft viel eindeutiger positioniert sind, als man dies aus Deutschland kennt. Natürlich gibt es auch die internationalen Networks mit ihrem ebenso breiten wie tiefen Leistungsspektrum. Die Anzahl der Verantwortlichen von inhabergeführten Agenturen, die sagen, sie könnten integrierte Kommunikation oder seien ein Full-Service-Anbieter, ist auch viel kleiner. Eine Agentur wie KesselsKramer hat zum Beispiel keine Kundenberatung, weil diese aus ihrer Sicht nicht den notwendigen Nutzen bringt. Hier gibt es nur strategische Planung, Kreation und Produktion. Aufgaben der Kundenberatung werden von der Planung und den anderen Abteilungen mit übernommen. Die Agentur hat auch einen entsprechenden Schwerpunkt im Bereich Brand-Consulting und klassischer Kommunikation. Geht man auf die Webseite der Agentur www.kesselskramer.com und lädt sie mehrmals neu ein, so werden immer neue Seiten angezeigt. Einige dieser Pages scheinen von Privatpersonen zu stammen oder von einem Unternehmen, das sehr wenig Geld in seine Präsenz gesteckt hat. Auf alle Fälle haben sie mit einer Werbeagentur nichts zu tun. Bei allen ist jedoch dieselbe Post- und Mailadresse angegeben. Diese lautet church@kesselskramer.com, ein Hinweis auf die Räumlichkeiten der Agentur, die sich in einer alten katholischen Kirche befinden. Die Orgel, die auch noch funktionsfähig in der Agentur vorhanden ist, wird allerdings aus Rücksicht auf die Anwohner nur noch gelegentlich gespielt. Am Altar ist übrigens der Arbeitsplatz eines Creative Directors. Als ich durch die Agentur geführt wurde, hat sich einer der Geschäftsführer gerade von einer Kollegin die Haare schneiden lassen. Make or Buy sind schließlich Entscheidungen, die nicht nur von werbetreibenden Unternehmen getroffen werden müssen.

Die Positionierungen sind aber auch in vielen anderen Agenturen beschränkt. Die Agentur S-W-H zum Beispiel konzentriert sich voll auf die Generierung von Ideen für ihre vorwiegend nationalen Kunden. Die gesamte Ausführung wird von externen Partnern übernommen, mit denen man unterschiedlich eng zusammenarbeitet. Diese Anbieter kommen aus den Bereichen Direktmarketing, Internet usw. Die Agenturverantwortlichen bestehen auf eine Zusammenarbeit mit diesen Partnern, denn diese kennt man und kann für die Qualität der Prozesse und Ergebnisse garantieren. Die Agentur begreift sich vorwiegend als holländische Kreativschmiede, ist aber dabei, über den eigenen Markt hinaus zu denken und auch international zu agieren.

Im Gegensatz dazu kennt eine Agentur wie Amsterdam Worldwide keine Grenzen, sondern behauptet von sich, eine weltweit tätige Ideenschmiede zu sein. Amsterdam wird dabei als idealer Ausgangspunkt betrachtet. Auffallend ist die geringe Mitarbeiterzahl: Bei Amsterdam Worldwide, einer Agentur, die globale Kampagnen erdacht und umgesetzt hat, arbeiten gerade mal 50 Leute. Dies ist nach Meinung des Geschäftsführers die ideale Größe. Die Internet-Agentur mit dem Namen achtung! hat im Moment etwa 25 Mitarbeiter und fühlt sich in diesem Rahmen auch sehr wohl. Und zwar nicht wegen der Überschaubarkeit und den geringen Head-Kosten. Man hat auch den Eindruck, dass man als kleinerer Anbieter gerade vom Einkauf des Kunden ein wenig sanfter behandelt wird. Auch in Bezug auf die Mitarbeiteranzahl unterscheiden sich viele Agenturen in Amsterdam von denen in Deutschland und man sollte sich hierzulande überlegen, was man sich von den holländischen Kollegen abschauen kann.

Eine überschaubare Größe hat aber auch den Vorteil, dass man viel besser „Nein" sagen kann. Das bezieht sich dabei immer mehr auf das Bestreben des Einkaufs, die Kosten weiter zu senken. Ist eine Agentur nicht auf ständiges Wachstum ausgelegt und kann sie ihren Fokus mehr auf die Qualität richten, so kann sie auch mal einen Job ablehnen, wenn die Bedingungen des Einkaufs zu heftig sind. Auch hier hat man das Gefühl, dass die deutschen Agenturen einiges von den Kollegen in Amsterdam lernen können.

Damit es zu keinen Missverständnissen kommt: Der Weg, den die genannten Agenturen in Amsterdam gehen, ist sicherlich nicht die finale Lösung. Über viele dieser Ansätze und Ideen lässt sich streiten; trotzdem enthalten diese Strukturen und Modelle wertvolle Impulse. Ob es sinnvoll ist, die komplette Kundenberatung infrage zu stellen und abzuschaffen, sei dahingestellt; es ist ja schon beinahe blasphemisch. Aber angesichts dieser ungewöhnlichen Strukturen kann man sich von vielen deutschen Agenturen schon ein wenig mehr Mut wünschen, und zwar jenen Mut, den gerade diese Agenturen auch von ihren Kunden erwarten.

Noch einige Bemerkungen zum Thema Neukundengeschäft: Pitch-Berater sind hier eine ähnliche Ausnahme wie in Deutschland. Das internationale Geschäft hat eine viel größere Bedeutung.

Abbildung 24: Die Agentur Nothing besteht im Wesentlichen aus einem großen Raum, der allerdings sehr hoch ist. Hier ist der Konferenzraum zu sehen. Die dunkle Angrenzung des Teilraums, der Tisch und die Gestelle der Möbel sind aus Pappkarton. Dieses Material wird auch für fast alle anderen Elemente des Raums verwendet.

Abbildung 25: Ein Blick in die Räume der Agentur KesselsKramer. Die Agentur befindet sich in einer alten, katholischen Kirche. An der hinteren Wand erkennt man die funktionstüchtige Orgel.

Abbildung 26: In der ehemaligen Kirche sind mehrere kleine Abgrenzungen eingebaut. Dadurch entsteht quasi eine erste Etage, wo sich auch Arbeitsplätze befinden. Einer dieser kleinen Räume ist mit Spielzeug-Figuren und -autos dekoriert.

Abbildung 27: Am Altar ist jetzt der Arbeitsplatz des CD eingerichtet.

11.
Checks

Für die wichtigen Bereiche habe ich im Folgenden jeweils einen Check aufgeführt. Dieser soll Ihnen helfen, Ihren Status Quo besser zu verstehen.

11.1 Strategisches Neukundengeschäft: Der Positionierungs-Check

Kreuzen Sie bitte bei den folgenden Fragen die vorgegebenen Antworten an. Fehlt die für Sie passende Antwort, so ergänzen Sie sie bitte entsprechend. *Mehrfachnennungen sind möglich.*

1. Unser Leistungsspektrum umfasst ...	
☐ klassische Kommunikation	☐ Verkaufsförderung/Handelsmarketing
☐ Dialogkommunikation/CRM	☐ Digitale Kommunikation
☐ PR	☐ Corporate Publishing
☐ Kommunikation im Raum	☒ Corporate Design

2. In den folgenden Branchen kennen wir uns wirklich gut aus:	
☐ Automotive	☐ Food
☐ Beverage	☐ Finance
☐ Travel/Leisure	☐ Energie
☒ ...	☐ ...

3. Wir können als Agentur ...
☒ sowohl BtB- als auch BtC-Kommunikation.
☐ nur BtB-Kommunikation.
☐ nur BtC-Kommunikation.
☐ auch öffentliche Ausschreibungen.

4. Das Neukundengeschäft macht bei uns	
☐ ein Planner.	☐ die Geschäftsleitung.
☐ die Beratung.	☐ die Kreation.

5. Wir haben als Agentur einen USP, weil wir ...
☐ nur spezifische Leistungen anbieten.
☐ eine Full-Service-Agentur sind.
☐ integrierte Kommunikation anbieten.
☐ uns auf bestimmte Zielgruppen konzentrieren.
☐ eine übergreifende Branchenkompetenz haben.

6. Wenn wir Kontakt zu potenziellen Kunden aufnehmen ...
☐ argumentieren wir sehr stark aus der Perspektive dieses Unternehmens.
☐ fokussieren wir auf unser Leistungsspektrum.
☐ stellen wir auf unsere Erfahrungen und Referenzen ab.
☐ setzen wir auf unsere strategischen Tools.
☐ konzentrieren wir uns auf unsere kreative Big-Idea.

7. Warum soll ein Wunschkunde Sie engagieren (nur ein Satz)?

8. Beschreiben Sie in einem Satz Ihre Agenturpositionierung.

Kontaktdaten	
Name:	Anzahl der Mitarbeiter:
E-Mail:	Telefonnummer:

11.2 Operatives Neukundengeschäft: Terminvereinbarungs-Check

Kreuzen Sie bitte bei den folgenden Fragen die vorgegebenen Antworten an. Fehlt die für Sie passende Antwort, so ergänzen Sie sie bitte entsprechend. *Mehrfachnennungen sind möglich.*

1. Um Termine bei neuen Kunden zu vereinbaren, nutzen Sie die folgenden Möglichkeiten der Kontaktaufnahme:	
☐ Persönliches Netzwerk	☐ PR/Öffentlichkeitsarbeit
☐ Seminare/Veranstaltungen	☐ Kalt-Akquise
☐ Ausschreibungen	☐ Meldungen der Fachpresse

2. Zu Beginn einer Neukundenaktion haben Sie die Anzahl der zu kontaktierenden Unternehmen festgelegt. Wieviel Prozent aller definierten Unternehmen rufen Sie an, bis Sie sie erreichen?	
☐ 25 Prozent	☐ 50 Prozent
☐ 75 Prozent	☐ 100 Prozent

3. Wenn ein potenzieller Kunde von Ihnen nach einem Telefonat eine Kurzcredential haben möchte, so hat diese den folgenden Umfang:	
☐ 5 Charts	☐ 15 Charts
☐ 30 Charts	☐ 45 Charts

4. Wenn sich ein potenzieller Neukunde mit Ihnen unterhalten soll, ...
☐ so haben wir uns für diesen Ansprechpartner einen Nutzen überlegt (den wir „mitbringen").
☐ ergibt sich der Nutzen aus der Agenturpräsentation.
☐ sind es unsere tollen Mitarbeiter, die ihn überzeugen.
☐ können wir ihm so gut wie das gesamte Leistungsspektrum anbieten.

5. Wenn Sie sich eine Stunde mit einen potenziellen Kunden unterhalten, dauert die Agenturpräsentation ungefähr:	
☐ 15 Minuten	☐ 30 Minuten
☐ 45 Minuten	☐ 60 Minuten

6. Bevor Sie einen Termin wirklich vereinbaren, ...
☐ vergewissern Sie sich, dass es sich um den richtigen Ansprechpartner handelt.
☐ vergewissern Sie sich nochmals, dass das Unternehmen eine ausreichende Größe hat.
☐ ist Ihnen die Größe nicht ganz so wichtig, denn auch „Kleinvieh macht Mist".
☐ ist es für Sie überhaupt nicht relevant, in welcher Entfernung sich das Unternehmen befindet.

7. Wie oft bestätigen Sie einen Termin unmittelbar davor? In:	
☐ 25 Prozent	☐ 50 Prozent
☐ 75 Prozent	☐ 100 Prozent

Kontaktdaten	
Name:	Anzahl der Mitarbeiter:
E-Mail:	Telefonnummer:

11.3 Neukundengeschäft und Einkauf – der Finanzer-Check

Kreuzen Sie bitte zu den folgenden Fragen die vorgegebenen Antworten an. Fehlt die für Sie passende Antwort, so ergänzen Sie sie bitte entsprechend. *Mehrfachnennungen sind möglich.*

1. Vor dem Gespräch mit dem Einkauf ...
☐ gehen Sie davon aus, dass primär Kosten dramatisch reduziert werden sollen.
☐ klären Sie sehr genau die Arbeitsteilung zwischen Einkauf und Marketing.
☐ kennen Sie sehr genau Ihre Kosten und Leistungen.
☐ klären Sie sehr genau die Position des Einkaufs.

2. Kennen Sie die folgenden Kosten Ihrer Agentur?
☐ Durchschnittliche Kosten der einzelnen Mitarbeiter (inklusive Aufschlüsselung der Gemeinkosten) auf Stunden- und Tages-Basis
☐ Gemeinkosten und deren mögliche Aufschlüsselung

3. Wie gehen Sie mit den Kosten von Dienstleistern um?
☐ Kosten werden eins zu eins an unseren Kunden weiterverrechnet.
☐ Es werden Pauschalen berechnet.
☐ Bei Dienstleistern werden keine Pauschalen akzeptiert.
☐ Dienstleister werden nach dem optimalen Preis-Leistungs-Verhältnis ausgewählt.
☐ Sie arbeiten nur mit lange bekannten Dienstleistern zusammen.

4. Wie hoch ist der Anteil der Stunden, der von den Mitarbeitern unter „allgemein“ oder ähnlichem aufgeschrieben wird?	
☐ 10 Prozent	☐ 15 Prozent
☐ 20 Prozent	☐ 25 Prozent

5. Überlegen Sie vor Pitches oder Gesprächen mit dem Einkauf auch, ob Sie Bonus- oder Malus-Lösungen diskutieren können?	
☐ nie	☐ manchmal
☐ immer	

6. Führen Sie auch über die Stunden Buch, die Sie für das Neukundengeschäft einsetzen?	
☐ ja	☐ nein

Kontaktdaten	
Name:	Anzahl der Mitarbeiter:
E-Mail:	Telefonnummer:

11.4 Der Pitch-Check

Kreuzen Sie bitte bei den folgenden Fragen die vorgegebenen Antworten an. Fehlt die für Sie passende Antwort, so ergänzen Sie sie bitte entsprechend. *Mehrfachnennungen sind möglich.*

1. Wenn Sie an einem Pitch teilnehmen ...
☐ ... haben Sie sehr genau recherchiert, wieviel Umsatz Sie mit dem Kunden wie lange machen könnten.
☐ ... sind Sie sehr froh über die Einladung.
☐ ... bestehen Sie auf einer – wenn auch geringen – Vergütung (Pitch-Honorar).

2. Vor einem Pitch ...
☐ ... informieren Sie sich sehr intensiv über das Unternehmen und seine Produkte.
☐ ... verlassen Sie sich sehr stark auf das Briefing.
☐ ... bestehen Sie auf einem Re-Briefing.

3. Wenn Sie ein Briefing bekommen, von dem Sie überzeugt sind, dass es so nicht funktioniert ...
☐ ... zeigen Sie als Ergebnis trotzdem primär Ergebnisse, die das Briefing als Grundlage haben.
☐ ... zeigen Sie die oben genannte Version und eine Lösung, die Sie bevorzugen.
☐ ... zeigen Sie nur die von Ihnen bevorzugte Version.

4. Welche Rolle hat jenes Team im Pitch, das den Kunden im Tagesgeschäft betreut?
☐ Gar keine, denn Sie kommen zum Pitch nur mit den besten Leuten.
☐ Das Team ist mit dabei, der Geschäftsführer agiert aber am meisten.
☐ Das Team spielt auch im Pitch eine wichtige Rolle.

5. Wie gehen Sie mit dem Einkauf um?
☐ Sie warten, bis er auf Sie zukommt.
☐ Wenn Ihnen der Marketingleiter die entsprechende Kompetenz zusichert, reicht Ihnen das aus.
☐ Sie schauen sich an, welche Rolle der Einkauf hat und gehen gegebenenfalls auf ihn zu.

6. Wie präsentieren Sie?
☐ Sie nutzen den Pitch, um die Agentur umfassend vorzustellen.
☐ Sie haben auch Erfahrungen mit Inszenierungen.
☐ Sie nutzen zu fast 100 Prozent PowerPoint.
☐ Sie versuchen immer, ein Team aus Berater und Kreativen präsentieren zu lassen.

7. Wieviel Zeit (bei einem Zeitraum von 60 Minuten) planen Sie für Ihre Folien ein?	
☐ 15 Minuten	☐ 30 Minuten
☐ 45 Minuten	☐ 60 Minuten

8. Wie sehen Ihre Folien aus?
☐ Zahlen und Fakten führen Sie sehr genau auf.
☐ Der Hintergrund besteht aus Bildern.
☐ Die Headline ist sehr kurz.
☐ Copy ist nicht vorhanden.

Kontaktdaten	
Name:	Anzahl der Mitarbeiter:
E-Mail:	Telefonnummer:

12.
Anhang

12.1 Bewertung von Werbeagenturen

Auf der folgenden Grundlage können Agenturen sowohl vom Einkauf als auch von der Fachabteilung bewertet werden:

Während der Angebotsphase:

- Angebotsqualität
- Alternative Vergütungsmodelle
- Qualität, Verfügbarkeit von Experten
- Internationalität
- Open Book Policy
- Konkurrenzfähige Preise

Während der Projektphase:

- Qualität des Projektmanagements
- Qualität der Problemlösungskomptenz
- Qualität der Ergebnisse
- Ressourcenmanagement
- Aktive Informationspolitik
- Soziale Kompetenz
- Integration des Kunden in das Projekt
  - Vertragstreue
  - Zusatzkosten
  - Einhaltung von Vorschriften
  - Korrekte Rechnungsstellung

Innovation:

- Fachliche Kompetenz
- Innovationsfähigkeit
- Qualität der Führungsmannschaft

12.2 Offener Brief des FME

Euro 2008 SA

Ceremonies Department

Route St-Cergue 9

1260 Nyon 1

Switzerland

Offener Brief an die UEFA

Invitation to tender (ITT-Process) –
Implementation of UEFA EURO 2008TM Ceremonies

Sehr geehrte Damen und Herren,

mit großem Interesse verfolgen wir, das Forum Marketing-Eventagenturen, die Interessenvertretung der Live-Kommunikationsspezialisten in Deutschland, Ihre Einladung zum Pitch um die fünf Zeremonien rund um die Fußball-Europameisterschaft 2008 „UEFA EURO 2008". Eine Veranstaltung von hohem öffentlichem Interesse, für die eine perfekte Eröffnung genauso unabdingbar ist wie eine würdige Abschlussveranstaltung. Tausende Menschen werden diese Veranstaltungen in den Stadien erleben, Millionen vor den Fernsehern.

Eine solche Veranstaltung gehört selbstverständlich in professionelle Hände. Hohes kreatives Potenzial ist unabdingbare Voraussetzung für eine Agentur, die eine so imageträchtige Veranstaltung für einen so prominenten Auftraggeber gestalten und organisieren soll, genauso wie die Sicherheit bei der Zusammenarbeit mit Profis, dass bis zur Auftragsvergabe möglichst viele Komponenten überprüft sind – im materiellen, rechtlichen genauso wie im technischen Sinne. Hier gilt es, die Besten zu finden. Ob Ihnen dies mit Ihrem Ausschreibungsprocedere gelingen wird, bezweifeln wir.

Wir begrüßen an Ihrer Ausschreibung, dass es klare Kriterien für die Beurteilung der Konzepte gibt, dadurch wird ein Mindestmaß an Objektivität erreicht.

Leider beinhaltet Ihre Ausschreibung beziehungsweise das geplante Auswahlverfahren mehrere Bedingungen, die wir als Branchenvertretung für falsch und moralisch verwerflich halten und die der Sache (der Findung der besten Idee) mehr schaden als nutzen.

Sie als großer, namhafter Auftraggeber stehen immer einem wesentlich kleineren Dienstleister als Anbieter gegenüber. Dies ist kein Problem, solange die Zusammenarbeit beider Partner fair verläuft. Doch betrachtet man die Ausschreibungsunterlagen, so entsteht berechtigter Zweifel an dem Wunsch nach einem partnerschaftlichen Miteinander.

Wieso? Einige Auszüge aus Ihren Ausschreibungsunterlagen:

- Sämtliche Kosten, die mit der Erstellung des Konzepts in Zusammenhang stehen, gehen zurlasten der Agentur.
- Die UEFA kann sämtliche Veranstaltungsteile auch alleine ohne eine Angabe von Gründen umsetzen.
- Die UEFA kann das Auschreibungsverfahren jederzeit neu eröffnen. Bei dem Verdacht eines Vertragsbruchs wird die Zusammenarbeit ohne jeglichen weiteren Anspruch beendet.
- Die Agentur muss Eigentümer sämtlicher Rechte sein und tritt diese bereits bei der Präsentation an die UEFA ab.

Sie fordern also, dass jede teilnehmende Agentur sämtliche Rechte abtritt und behalten sich im gleichen Atemzug vor, die einzelnen Veranstaltungsteile selbstständig durchzuführen. Sind Sie ausschließlich an einer kostenfreien Sammlung von Ideen interessiert?

Der Aufwand ist für die teilnehmenden Agenturen sehr hoch, bei seriöser Bewertung und Prüfung der eingereichten Arbeiten haben auch Sie einen großen Aufwand.

All diese Leistungen erbringt jede Agentur gerne und höchst professionell für Sie. Im Sinne von gutem Geschäftsgebaren erhält eine Agentur für ihre kreativen und organisatorischen Leistungen ein Honorar, das dem Aufwand entsprechend ist.

Bedauerlich ist, dass die Anzahl der Agenturen, die sich an diesem Auswahlverfahren beteiligen können, nicht begrenzt wurde. Diese Vorgehensweise ist aus Ihrer Sicht nachvollziehbar, da Sie keinerlei Honorare an die Agenturen für deren Leistungen zahlen. Allerdings entsteht ein beträchtlicher volkswirtschaftlicher Schaden.

Denn eine Agentur, die sich ernsthaft mit allen Veranstaltungsmodulen beschäftigt, wendet circa 150.000 bis 200.000 EUR auf.

In unseren Augen werden durch dieses von Ihnen gewählte Ausschreibungsverfahren Kosten im siebenstelligen Bereich generiert. Diesen Kosten steht kein konkreter Nutzen in dieser Höhe für Sie oder die Event-Branche gegenüber.

Es wäre außerdem wünschenswert, wenn die Agenturen, die die Ausschreibung verloren haben, Informationen darüber erhielten, warum sie nicht zu den Gewinnern zählen, so hätten sie wenigstens an Erfahrung gewonnen. Bei dem Aufwand, den Sie erwarten, wäre dies nur fair.

Zusammenfassend müssen wir feststellen, dass diese Ausschreibung moralisch angreifbar ist, volkswirtschaftlichen Schaden anrichtet und nicht zu der auch für Sie besten Lösung führen wird, denn viele gute Agenturen werden aufgrund Ihrer Ausschreibungsmodalitäten dieser Ausschreibung fernbleiben. Das ist schade – für Sie wie für die Branche.

Gerne möchten wir uns mit Ihnen über eine Optimierung des Verfahrens unterhalten. So haben sich zum Beispiel Workshops mit den beteiligten Agenturen bewährt, um ein Gespür füreinander zu bekommen und um festzustellen, ob man harmoniert.

Haben Sie Interesse? Dann geben Sie uns einfach Bescheid.

Mit freundlichen Grüßen

FME-Präsidium und Geschäftsführung

(Quelle: *http://www.memo-media.de/newsinfo/offener-brief-des-fme-als-reaktion-auf-offene-ausschreibung-euro-2008-durch-uefa-668.html*)

12.3 Vertrauen in die Werber

Was man von der Branche der Werber hält, erhellt eine Studie der Gesellschaft für Konsumforschung, die regelmäßig das Vertrauen der Menschen in die unterschiedlichen Berufsgruppen ermittelt. Gut nachvollziehbar, dass Feuerwehrleute das meiste Vertrauen genießen. Geschenkt, dass das Image der Banker gesunken ist. Mehr als erstaunlich, dass das Vertrauen in die Werber zwar gestiegen ist, dass diese Berufsgruppe aber den zweitniedrigsten Vertrauenswert überhaupt hat:

Der höchste Vertrauenswert: (Angaben jeweils in Prozent, in Klammern die Veränderungen zum Vorjahreswert ebenfalls in Prozent)

Feuerwehrleute	92 (+3)
Lehrer	85 (+4)
Postangestellte	81 (-1)
Ärzte	81 (+3)
Militär	81 (+4)

Der niedrigste Vertrauenswert:

Marketingangestellte	39 (+1)
Banker	37 (-8)
Top-Manager	33 (-3)
Werber	28 (-4)
Politiker	18 (+1)

Abbildung 28: Ausgewählte Ergebnisse des GfK-Vertrauensindex 2009 (Quelle: *Frankfurter Allgemeine Sonntagszeitung* 14.06.2009)

12.4 Literaturverzeichnis

Baginski, Rainer: Wir trinken so viel wir können, den Rest verkaufen wir. Über Werber und Werbung. Hanser Verlag, München 2000

Berndorff, Gunnar; Berndorff, Barbara; Eigler, Knut: Designrecht: Die häufigsten Fragen aus Grafik-, Multimedia- und Produktdesign. Ppv Medien, Bergkirchen 2006

Bruhn, Manfred: Integrierte Unternehmens- und Markenkommunikation. Schaeffer-Poeschel, Stuttgart 2006

Burrack, Heiko: Agenturen der Zukunft – Zukunft der Agenturen

Burrack, Heiko: Mehr in den Agenturen, Internetworld, 2007

Burrack, Heiko: Antanzen zur Pappenschlacht, in: Werben & Verkaufen, Nr. 12 vom 22.03.2007

Burrack, Heiko; Nöcker, Dr. Ralf: Vom Pitch zum Award. Wie Werbung gemacht wird, Insights in eine ungewöhnliche Branche. Frankfurter Allgemeine Buch, Frankfurt 2008

Eisner, Will: Graphic Storytelling and visual narrative. Norton & Company, New York 2008

Fischers-Archiv (Heinz Fischer Herausgeber): 12/08

Fisher, Roger; Ury, William; Patton, Bruce: Das Harvard-Konzept. Der Klassiker der Verhandlungstechnik. Campus, Frankfurt 2004

Frenzel, Karolina; Sottong, Herrmann; Müller, Michael: Storytelling. Die Kraft des Erzählens fürs Unternehmen nutzen. DTV, München 2006

Grosklaus, Rainer H. G.: Positionierung und USP. Gabler, Wiesbaden 2006

Gesamtverband Kommunikationsagenturen (GWA): Jahrbuch 2007.

Herbst, Dieter: Storytelling. UvK, Konstanz 2008

Jung, Holger; von Matt, Jean-Remy: Momentum – Die Kraft, die Werbung heute braucht. Lardon Media, Hamburg 2007

Jung, Holger; von Matt, Jean-Remy: Stimmen aus dem Aquarium. Schmidt (Herrmann), Mainz 2008

Krumm, Rainer; Geissler, Christian: Outbound-Praxis. Aktives Verkaufen am Telefon erfolgreich planen und umsetzen. Gabler, Wiesbaden 2005

Marx, Anne: Media für Manager: Alles was Sie über Medien und Media-Agenturen wissen müssen. Gabler, Wiesbaden 2008

Ogilvy, David: Geständnisse eines Werbemannes. Econ Verlag, Düsseldorf 2000

Pöhm, Matthias: Vergessen Sie alles über Rhetorik. Goldmann, München 2009

Pricken, Mario: Kribbeln im Kopf. Kreativitätstechniken und Brain-Tools fur Werbung und Design. Hermann Schmidt, Mainz 2004

Pringle, Hamish in: Finding an Agency, Joint industry guidelines for marketing professionals in working effectively with agencies. www.prca.org.uk

Reins, Armin: Die Mörderfackel. Hermann Schmidt, Mainz 2002

Reynolds, Garry: ZEN oder die Kunst der Präsentation. Mit einfachen Ideen gestalten und präsentieren. Addison-Wesley, München 2008

Schmidbauer, Klaus: Professionelles Briefing – Marketing und Kommunikation mit Substanz. BusinessVillage, Göttingen 2007

Schmidt, Andreas: Kostenrechnung: Grundlagen der Vollkosten-, Deckungsbeitrags- und Plankostenrechnung sowie des Kostenmanagements. Kohlhammer, Stuttgart 2008

Schneider, Wolf: Deutsch für Kenner. Die neue Stilkunde. Piper, München 2008

Schneider, Wolf: Deutsch für Profis. Wege zum guten Stil. Goldmann, München 2008

Schranner, Matthias: Verhandeln im Grenzbereich. Strategien und Techniken für schwierige Fälle. Econ, Düsseldorf 2001

Schranner, Matthias: Der Verhandlungsführer: Strategien und Taktiken die zum Erfolg führen. Dtv, München 2006

Schroeder, Meinhard: Mehr Effizienz in der Werbung, in: Planung & Analyse (02/2009)

Thiele, Albert: Argumentieren unter Stress. Dtv, München 2004

Turner, Sebastian; Rother, Andreas: Werbisch-Deutsch. Das ultimative Wörterbuch der Werbung. Redline Wirtschaft, München 2003

12.5 Personenregister

Alison W. McConnell, Chief Marketing Officer, Leo Burnett Worldwide, Chicago

Andreas Geyr, CEO Central Europe, Euro RSCG, Düsseldorf

Anthony Gibson, CEO, Leo Burnett Worldwide, Frankfurt

Christoph Kolonko, LL.M., Rechtsanwalt, Kanzlei Kolonko & Dammeier, Frankfurt

Dennis Wolpert Unit Leiter Direktmarketing der Profilwerkstatt, Darmstadt

Ingeborg Trampe, Geschäftsführerin und Inhaberin, Trampe Communication, Berlin

Helmut Sendlmeier, Chairman und CEO, McCann Erickson Deutschland, Frankfurt

Jan Diekmann, Director Business Development, DDB Group Germany, Berlin

John Goodman, Partner, Ogilvy & Mather, Tokio

Nutsa Lelashvili, Account Director, Adstation/Ogilvy, Tiflis (Georgien)

Oliver Klein, Inhaber cherrypickers (Agency Selection Service), Hamburg

Oliver Goller, Geschäftsführer, brand 2, Friedrichsdorf

Peter Fitzhardinge, General Manager, Leo Burnett Australia

Rahim Sheivari, Geschäftsführer, WKS Dialog Marketing (Geschäftsstelle der Weiss&Kohnen Werbeagentur), Teheran

Stephan Beringer, Executive Vice President EMEA, Tribal DDB Worldwide, London

12.6 Spannende Agenturen in Amsterdam

Amsterdam Worldwide: *www.amsterdamworldwide.com*
Kleiner Laden, der Kommunikation rund um die Welt macht.

Be as you are: *www.bsur.com*
Die Agentur hat sich gerade beim Pitch um den internationalen Mini-Etat durchgesetzt

KesselsKramer: *www.kesselskramer.com*
Die Räume der Agentur befinden sich in einer alten katholischen Kirche. Die Orgel, die es dort noch gibt, wird aber nicht sehr oft gespielt, da sie doch sehr laut ist und man es sich nicht mit den Anwohnern verscherzen will.

Nothing: *www.nothing.nl*
Kleine, neu gegründete Agentur, in Amsterdam

WiedenKennedy
Bekannt über und durch ihre Arbeit für Nike und andere internationale Firmen

Sid Lee: *www.sidlee.com/*
Eine der Agenturen, die ihren Sitz in Amerika haben, aber Amsterdam als europäischen Sitz gewählt haben.

72 and Sunny: *http://www.72andsunny.com*
Eine Kreativagentur aus Amerika, sie hat 2008 einen Teil des Nike Etats gewonnen.

Achtung! *http://achtung.nl*
Kleine holländische Agentur, die sich auf die Internet-Kommunikation spezialisiert hat. Von Amsterdam arbeitet man hier zum Beispiel für Volkswagen.

Selmore: *http://www.selmore.nl*
Eine alt eingesessene holländische Agentur, die sich primär auf den heimischen Markt konzentriert

S-W-H: *www.s-w-h.com*
Eine Agentur, die sich als Ideenschmiede versteht und nichts weiter tut. Die Agentur tritt jetzt unter dem Namen Indie-Amsterdam auf.

12.7 Links im Netz

www.adweek.com, www.adage.com, www.procurementleaders.com
Internetadressen von wichtigen englischsprachigen Seiten

www.absatzwirtschaft.de, www.acquisa.de, www.harvardbusinessreview.de
Marketingorientierte Fachzeitschriften

www.bme.de
Der Bundesverband Materialwirtschaft, Einkauf und Beschaffung e.V., der auch eine eigene Arbeitsgruppe hat, die sich nur mit dem Einkauf von Agenturleistungen beschäftigt.

www.burrack.de
Homepage des Autoren

www.credentialaward.com
Der Award für die Eigendarstellungen von Kommunikationsagenturen

www.fairparterns.com, www.emptoris.com, www.ariba.com
Internetbasierte Plattform zur Abgabe von Angeboten. Allerdings findet man im Moment nur sehr wenige für Agenturen relevante Nachfragen.

www.garrreynolds.com
Seite mit vielen Tipps zum Thema Präsentation und Branding. Der Mann soll angeblich die Keynotes für Steve Jobs geschrieben haben.

www.gwa.de
Der Gesamtverband der Kommunikationsagenturen

www.istockphoto.com
Datenbank mit sehr vielen, guten Fotos, die man sich sehr günstig in unterschiedlichen Formaten direkt dort downloaden kann

www.slideshare.com
Tolle Internetseite bei der man sich tausende von Präsentation anschauen kann. Durch eine sehr einfache Registrierung kann man sich die Präsentationen auch herunterladen.

www.statista.org
Das Statistik-Portal

www.ted.com
Seite mit tollen Präsentatoren und vielen Präsentationen, die aber immer eine Länge von maximal 20 Minuten haben, was die Leute zwingt auf den Punkt zu kommen.

http://ted.europa.eu
Nicht zu verwechseln mit der europaweiten Ausschreibungsplattform von öffentlichen Auftraggebern

www.toastmasters.org
Besser Reden und Präsentieren

www.vompitchzumaward.de
Homepage des ersten Buches des Autors

www.werbeblogger.de
Bedeutendster Blog über Werbung und Marketing in Deutschland

www.wuv.de, www.horizont.net, www.new-business.de, www.kontakter.de
Werbeorientierte Fachzeitschriften

Für Ihre Notizen

Für Ihre Notizen

Für Ihre Notizen

Die Werbepropheten und Ihre dröhnenden Lautsprecher

Heiko Burrack
Die Werbepropheten und ihre dröhnenden Lautsprecher
Führende Kopfe lüften das Geheimnis erfolgreicher Werbung
Februar 2012
ISBN 978-3-86980-159-9
Preis: 24,80 € • 25,50 € [A] • 43,50 CHF (UVP)
Art.-Nr. 860
www.BusinessVillage.de/bl/860

Vor kaum zehn Jahren konnte man das Thema „Erfolgreiche Werbung" noch als Kurzgeschichte abhandeln. Für die Agenturen reichte es, den Nimbus aus Kreativität und Genialität aufrechtzuhalten – davon ließ es sich gut leben. Doch das war einmal. Neue Trends wie Social Media und Mobile Marketing treiben die Agenturen vor sich her, Kunden hinterfragen Preise für Agenturleistungen kritisch, selbst das Bild vom coolen Arbeitgeber mit Sex-Appeal ist kollabiert und dank des Testwahns der Marktforscher weicht die Kreativität dem mathematischen Kalkül.

Doch was macht heute erfolgreiche Werbung aus? Wie erfindet sich die Branche neu? Antworten darauf liefert Heiko Burrack in diesem Report. Agenturverantwortliche, Entscheider aus Marketing und Einkauf, Marktforscher und Auditoren sprechen über Werbung. Entstanden ist dabei ein Konzentrat mit interessanten Erkenntnissen – Erkenntnisse, die eine Agentur niemals ihrem Kunden offenbaren würde – und umgekehrt. Ein Buch, das die verschiedenen Vorstellungen von Werbung aufeinanderprallen lässt und neue, funktionierende Wege zeigt.

CREDITS: Niels Alzen, Christof Baron, Christian Daul, Thomas Eickhoff, Andreas Geyr, Heinz Grüne, Christian Hupertz, Martin Krapf, Lothar Leonhard, Frank-Peter Lortz, Carl-Philipp Mauve, Andreas Mengele, Frank Merkel, Torsten Müller, Ralf Nöcker, Jesko Perrey, Bent Rosinski, Florian Ruckert, Matthias Schrader, Oliver Schrott, Frank Schübel, Joachim Schütz, Gerald Spitzer, Uwe Storch ...

Der Autor
Heiko Burrack, Diplom-Kaufmann, berät seit mehreren Jahren Agenturen und werbetreibende Unternehmen bei der Neukundengewinnung. Zuvor arbeitete er als Kundenberater in namhaften Werbeagenturen.

www.BusinessVillage.de

Konzepte ausarbeiten

Sonja Ulrike Klug
Konzepte ausarbeiten
Damit aus Aufgaben schlagkräftige Konzepte werden
7. Auflage

208 Seiten; 2013; 21,80 Euro
ISBN 978-3-86980-179-7; Art-Nr.: 897

Konzepte auszuarbeiten gehört in vielen Berufen und Branchen zu den wichtigsten Aufgaben. Vielfach sollen die Konzepte Kollegen, Vorgesetzte oder Auftraggeber mit gekonnter Darstellung und schlagkräftigen Argumenten auf Anhieb überzeugen. Dabei kann es sich um Konzepte unterschiedlichster Art handeln: Projektberichte, Entscheidungsvorlagen, Gutachten, Unternehmensstrategien, Marketing- oder PR-Kampagnen, Fachartikel, Präsentationen oder ganze Bücher.

Gleich ob die Konzepte firmenintern oder -extern verwendet werden: Sie sollten sorgfältig recherchiert werden, zündende Ideen liefern, gründlich informieren und exzellent formuliert sein. Mit anderen Worten: Sie müssen Qualität, Professionalität und Kompetenz ausstrahlen.

In diesem Buch erfahren Sie, wie Sie bei der Konzepterarbeitung systematisch vorgehen: von der Informationsrecherche und -bewertung über die kreative Lösungsfindung bis zum Verfassen eines flüssigen Textes. Die Autorin zeigt, wie Sie mit funktionierenden Methoden und Techniken die Qualität Ihres zu erarbeitenden Konzeptes sichern.

www.BusinessVillage.de